10kV配网不停电作业

专业知识题集

国网河北省电力有限公司培训中心　组编

内 容 提 要

近年来，配网不停电作业专业水平有了显著提升，作业人员数量增长迅速。为提升专业人员的知识水平，依据相关国家、行业标准，结合配网不停电作业生产实际情况，国网河北省电力有限公司培训中心组织编写了本题集。

本题集包含单项选择题、多项选择题、判断题、简答题、识绘图题共 5 种题型，内容涉及配电线路带电作业的国家标准、行业标准、国家电网有限公司企业标准、配网不停电作业基础知识。

本题集可用来辅助配网不停电作业专业人员学习相关的国家、行业、企业标准，加强配网不停电作业的标准化、规范化，还可供其他相关专业人员学习参考。

图书在版编目（CIP）数据

10kV 配网不停电作业专业知识题集 / 国网河北省电力有限公司培训中心组编. —北京：中国电力出版社，2020.12

ISBN 978-7-5198-5053-1

Ⅰ. ①1… Ⅱ. ①国… Ⅲ. ①配电系统–带电作业–习题集 Ⅳ. ①TM727-44

中国版本图书馆 CIP 数据核字（2020）第 194715 号

出版发行：中国电力出版社
地　　址：北京市东城区北京站西街 19 号（邮政编码 100005）
网　　址：http://www.cepp.sgcc.com.cn
责任编辑：陈　倩（010-63412512）马雪倩
责任校对：黄　蓓　李　楠
装帧设计：郝晓燕
责任印制：石　雷

印　　刷：河北华商印刷有限公司
版　　次：2020 年 12 月第一版
印　　次：2020 年 12 月北京第一次印刷
开　　本：710 毫米×1000 毫米　16 开本
印　　张：8.5
字　　数：132 千字
印　　数：0001—1500 册
定　　价：38.00 元

编 审 组

主　编　祝晓辉

副主编　吴　强　张秋雨

参　编　宋旭山　杨立奎　齐锦涛　魏力强

　　　　陈长金　吕万辉　闫佳文

主　审　沈宏亮

前　　言

20 世纪 50 年代初，我国开始开展线路带电作业工作，从最初的绝缘杆作业法更换设备开始，经过逐步的研究和探索，作业项目逐渐增多，作业电压逐渐普及。20 世纪 90 年代，明确了配电线路带电作业以绝缘手套法和绝缘杆作业法为主要作业方法，并规范了作业方法，配电线路带电作业进入了快速发展期。21 世纪初，旁路作业在配电线路和电缆线路中成功开展并广泛应用，推动了配电线路带电作业的发展，电缆不停电作业的开展也进一步拓展了作业面。配网检修作业方式从“能停电作业不带电作业”发展到“能带电作业不停电作业”，以不中断用户供电为目的，提出了配网不停电作业的理念，明确了作业项目，规范了配网不停电作业标准化作业指导书，推动了配网检修作业方式向更高层次发展。

配网不停电作业人员的作业环境比较特殊，作业人员需要接触或靠近带电体（带电导体或带电设备），作业人员有串入相地之间或两相之间的风险，且存在电弧伤人的可能性，需要在安全方面加强管理。近些年来，随着配网不停电作业逐步向县供电公司推广，作业人员数量急剧增加，如何确保作业安全成为重要关注点。为了提升配网不停电作业专业人员的知识水平，培养一支高水平的专业人才队伍，规范作业人员行为，保证作业现场的生产安全，国网河北省电力有限公司培训中心依据相关国家标准、行业标准、企业标准，组织编写了本题集。

本题集包含单项选择题、多项选择题、判断题、简答题、识绘图题共 5 种题型。本题集主要依据 GB/T 18857—2019《配电线路带电作业技术导则》、DL/T 976—2017《带电作业用工具、装置和设备预防性试验规程》、DL/T 877—2004《带电作业工具、装置和设备使用的一般要求》、DL/T 1476—2015《电力安全工器具预防性试验规程》等标准及相关专业知识，内容涉及配网不停电作业专业基础知识、电气知识、工器具试验、配网不停电作业安全知识、工器具使用保管要求等多个方面。题集编制过程中重点考虑作业人员生产需求，注重结合配网不停电作业生产实际，深入探讨配网不停电作业技术基础，为配网不停电作业专业人员、配网不停电作业专业相关工作人员提供了重要参考。

本题集由国网河北省电力有限公司培训中心培训管理处组织编写，国网河北电科院、国网邢台供电公司、国网邯郸供电公司等专业人员共同参与完成。

由于编写时间仓促，编者水平有限，书中难免会存在一些不妥之处，恳请读者批评指正。

编　者

2020 年 9 月

目　　录

第一章　单项选择题

1. 绝缘斗臂车在行进过程中，高架装置也处于位移之中，两臂的（　　）必须切断。

A. 制动系统　　B. 电气操作系统

C. 机械操作系统　　D. 液压操作系统

答：D。

出处：DL/T 854—2004《带电作业用绝缘斗臂车的保养维护及在使用中的试验》5.1。

2. 绝缘斗臂车的斗和臂应避免与其他物体直接接触，与建筑物和树木的最小间距为（　　）mm。

A. 100　　B. 150　　C. 200　　D. 250

答：A。

出处：DL/T 854—2004《带电作业用绝缘斗臂车的保养维护及在使用中的试验》5.2。

3. 斗臂车绝缘预防性试验的正常定期试验间隔为（　　）个月。

A. 6　　B. 12　　C. 3　　D. 24

答：A。

出处：DL/T 854—2004《带电作业用绝缘斗臂车的保养维护及在使用中的试验》8。

4. 斗臂车做高压电气试验时，交流试验的试验时间为（　　）min。

A. 1　　B. 3　　C. 5　　D. 10

答：A。

出处：DL/T 854—2004《带电作业用绝缘斗臂车的保养维护及在使用中的试验》表 1。

5. 斗臂车做高压电气试验时，直流试验的试验时间为（　　）min。

A. 1　　B. 3　　C. 5　　D. 10

答：B。

出处：DL/T 854—2004《带电作业用绝缘斗臂车的保养维护及在使用中的试验》表 1。

6. 绝缘斗臂车绝缘内外斗的试验参数为（　　）。

A. 有效电压为 35kV，试验时间为 1min

B. 有效电压为 30kV，试验时间为 1min

C. 有效电压为 35kV，试验时间为 3min

D. 有效电压为 30kV，试验时间为 3min

答：A。

出处：DL/T 854—2004《带电作业用绝缘斗臂车的保养维护及在使用中的试验》表 3。

7. 绝缘斗臂车外斗的电气试验中要求无闪络或击穿发生，泄漏电流不超过（　　）。

A. 1mA　　B. 500μA　　C. 0.1mA　　D. 200μA

答：B。

出处：DL/T 854—2004《带电作业用绝缘斗臂车的保养维护及在使用中的试验》8.1.7。

8. 绝缘管、棒材应由合成材料制成，其密度不应小于（　　），吸水率不大于（　　）。

A. 1.65g/cm³、0.1%　　B. 1.75g/cm³、0.1%

C. 1.65g/cm³、0.15%　　D. 1.75g/cm³、0.15%

答：D。

出处：GB 13398—2008《GB 13398—2008 带电作业用空心绝缘管、泡沫填充绝缘管和实心绝缘棒》4.1。

9. 机械老化特性试验中，各种绝缘管、棒材试品在经过（　　）次弯曲循环后，在不借助放大装置而用目测检查时，试品均应无任何损伤的痕迹，也不应有任何永久变形。

A. 2000　　B. 3000　　C. 4000　　D. 5000

答：C。

出处：GB 13398—2008《带电作业用空心绝缘管、泡沫填充绝缘管和实心绝缘棒》4.4.4。

10. 用以制造绝缘工具的绝缘管、棒材应进行试品长度为（ ）mm、时间为（ ）min 的工频耐压试验，包括干试验和受潮后的试验。

A. 150、1 B. 150、3 C. 300、1 D. 300、3

答：C。

出处：GB 13398—2008《带电作业用空心绝缘管、泡沫填充绝缘管和实心绝缘棒》4.3.1。

11. 湿态绝缘性能试验，用以制造绝缘工具的绝缘管、棒材应进行试品长度为（ ）mm、时间为（ ）h 的淋雨试验。

A. 1000、1 B. 1000、12 C. 1200、1 D. 1200、12

答：C。

出处：GB 13398—2008《带电作业用空心绝缘管、泡沫填充绝缘管和实心绝缘棒》4.3.2。

12. 绝缘耐受性能试验，用以制造绝缘工具的绝缘管、棒材应能耐受相隔（ ）mm 的两电极间（ ）min 工频电压试验。

A. 150、1 B. 150、3 C. 300、1 D. 300、3

答：C。

出处：GB 13398—2008《带电作业用空心绝缘管、泡沫填充绝缘管和实心绝缘棒》4.3.3。

13. 绝缘耐压试验，绝缘试验时在绝缘管或棒上相隔 300mm 的两电极间施加交流工频电压为（ ）、时间为（ ）。

A. 75kV、1min B. 75kV、3min

C. 100kV、1min D. 100kV、3min

答：C。

出处：GB 13398—2008《带电作业用空心绝缘管、泡沫填充绝缘管和实心绝缘棒》表 4。

14. 将绝缘工具分成若干段进行工频耐压试验，试验长度为（ ）耐压为（ ），时间为 1min，以无击穿、闪络及过热为合格。

A. 150mm、45kV B. 150mm、75kV

C. 300mm、45kV D. 300mm、75kV

答：D。

出处：DL/T 878—2004《带电作业用绝缘工具试验导则》5.5。

15. 带电作用绝缘工具应按实际使用工况进行机械强度试验。硬质绝缘工具和软质绝缘工具的安全系数均不应小于（　　）。

A. 2.0　　B. 2.5　　C. 3.0　　D. 3.5

答：B。

出处：DL/T 878—2004《带电作业用绝缘工具试验导则》3.8。

16. 10～220kV 电压等级的防潮型硬质绝缘工具，在型式试验中应进行淋雨状态下的泄漏电流试验。淋雨状态下的泄漏电流试验条件应满足 GB/T 16927.1—2011《高电压试验技术 第 1 部分：一般定义及试验要求》的规定，在规定的试验电压和时间下，通过整件工具的泄漏电流不应大于（　　）mA。

A. 0.1　　B. 0.5　　C. 1　　D. 2

答：B。

出处：DL/T 878—2004《带电作业用绝缘工具试验导则》3.5.2。

17. 工频耐压试验时，试品应在温度为（23±5）℃、相对湿度不大于 80% 的环境中预置（　　）h，试验前用适当的溶剂擦净试品表面并置于空气中 15min 以上，以便使溶液全部挥发。

A. 12　　B. 24　　C. 48　　D. 168

答：B。

出处：DL/T 878—2004《带电作业用绝缘工具试验导则》4.1。

18. 绝缘测距绳为线径 4～5mm 的蚕丝编制织线绳。每隔 5m 设置一个黄色标志，每隔 1m 设置一个红色标志，每隔 0.5m 设置一个（　　）标志，标志应明显、经久耐用。

A. 绿色　　B. 蓝色　　C. 黑色　　D. 白色

答：B。

出处：DL 779—2001《带电作业用绝缘绳索类工具》4.4。

19. 消弧绳的型号为 SC.XHS—10×20m，其中 SC 代表（　　）。

A. 桑蚕　　B. 尼龙　　C. 锦纶　　D. 线径

答：A。

出处：DL 779—2001《带电作业用绝缘绳索类工具》5.1。

20. 保险绳的型号为 SCRBS，其中 RBS 表示（　　）。

A. 人身保险绳　B. 导线保险绳　C. 两眼绳套　D. 无极绳套

答：A。

出处：DL 779—2001《带电作业用绝缘绳索类工具》5.3.1。

21. 绝缘绳索类工具在做绝缘型式检验的直径及捻距测量项目，每件试样至少在（　　）处测量。

A. 2　B. 3　C. 5　D. 1

答：B。

出处：DL 779—2001《带电作业用绝缘绳索类工具》8.2.4。

22. 消弧线端部软铜线与绝缘绳的结合部分长度不应大于（　　）mm，绝缘部分与导线部分的分界处要有明显标志。

A. 50　B. 100　C. 150　D. 200

答：D。

出处：DL 779—2001《带电作业用绝缘绳索类工具》6.2.4。

23. 10kV 电压等级的遮蔽罩的电气性能为（　　）级。

A. 1　B. 2　C. 3　D. 4

答：B。

出处：GB/T 12168—2006《带电作业用遮蔽罩》表 1。

24. 具有特殊性能的遮蔽罩分为五种类型，包括（　　）型。

A. 耐酸（S），耐油（Y），耐低温（D），耐高温（G），耐潮（C）

B. 耐酸（A），耐油（B），耐低温（C），耐高温（D），耐潮（E）

C. 耐酸（A），耐油（H），耐低温（C），耐高温（W），耐潮（P）

D. 耐酸（A），耐油（H），耐低温（W），耐高温（P），耐潮（C）

答：C。

出处：GB/T 12168—2006《带电作业用遮蔽罩》表 2。

25. 对于以多个遮蔽罩组成的绝缘遮蔽系统，每个遮蔽罩应便于相互组装、相互连接，在其保护区域内不应出现（　　）。

A. 搭接　B. 重叠　C. 缝隙　D. 间隙

答：D。

出处：GB/T 12168—2006《带电作业用遮蔽罩》6.1。

26. 带电作业所需要的绝缘水平是指工作位置所需的，为减少绝缘击穿危险而提出的一个可以接受的低水平的统计冲击（　　）。

A. 峰值电压　　B. 短时峰值电压

C. 耐受电压　　D. 短时耐受电压

答：C。

出处：DL/T 877—2004《带电作业工具、装置和设备使用的一般要求》3.2。

27. 绝缘防护用具是指由绝缘材料制成，在带电作业时对人体进行（　　）的用具，包含绝缘安全帽、绝缘袖套、绝缘披肩等。

A. 屏蔽　　B. 静电防护　　C. 安全防护　　D. 安全遮蔽

答：C。

出处：GB/T 18857—2019《配电线路带电作业技术导则》3.1。

28. 绝缘遮蔽用具是指由绝缘材料制成，用来遮蔽或隔离带电体和邻近的接地部件的（　　）。

A. 硬质用具　　B. 软质用具

C. 硬质或软质用具　　D. 复合用具

答：C。

出处：GB/T 18857—2019《配电线路带电作业技术导则》3.2。

29. 绝缘遮蔽用具是指由绝缘材料制成，用来遮蔽或隔离带电体和（　　）的硬质或软质用具。

A. 接地部件　　B. 电杆

C. 横担　　D. 邻近的接地部件

答：D。

出处：GB/T 18857—2019《配电线路带电作业技术导则》3.2。

30. 绝缘承载工具是指承载作业人员进入带电作业位置的（　　）绝缘承载工具，包括绝缘斗臂车、绝缘体、绝缘平台等。

A. 固定式　　B. 移动式

C. 固定或移动式　　D. 复合式

答：C。

出处：GB/T 18857—2019《配电线路带电作业技术导则》3.4。

31. GB/T 18857—2019《配电线路带电作业技术导则》要求配电线路带电

作业人员应身体健康，无妨碍作业的（　　）障碍。

A. 生理　　B. 心理　　C. 生理和心理　　D. 重大疾病

答：C。

出处：GB/T 18857—2019《配电线路带电作业技术导则》4.1.1。

32. GB/T 18857—2019《配电线路带电作业技术导则》要求配电线路带电作业人员应会紧急救护法，特别是（　　）。

A. 高空坠落急救　　B. 外伤急救

C. 溺水急救　　D. 触电急救

答：D。

出处：GB/T 18857—2019《配电线路带电作业技术导则》4.1.1。

33. 配电线路带电作业应在良好的天气下进行，风力大于（　　）时，不宜作业。

A. 15m/s　　B. 10m/s　　C. 20m/s　　D. 5m/s

答：B。

出处：GB/T 18857—2019《配电线路带电作业技术导则》4.3.1。

34. 配电线路带电作业应在良好的天气下进行，湿度大于（　　）时，不宜作业。

A. 70%　　B. 80%　　C. 60%　　D. 50%

答：B。

出处：GB/T 18857—2019《配电线路带电作业技术导则》4.3.1。

35. 作业过程中如遇天气突然变化，有可能危及人身或设备安全时，应立即（　　）。

A. 加快工作　　B. 采取安全措施后继续工作

C. 停止工作　　D. 汇报上级

答：C。

出处：GB/T 18857—2019《配电线路带电作业技术导则》4.3.3。

36. 配电带电作业工作票的有效时间以批准检修期为限，已结束的工作票，应保存（　　）个月

A. 3　　B. 6　　C. 12　　D. 24

答：C。

出处：GB/T 18857—2019《配电线路带电作业技术导则》5.1.2。

37. 工作票签发人不得同时兼任该项工作的（　　）。

A. 工作许可人　　B. 工作监护人

C. 工作负责人　　D. 小组负责人

答：C。

出处：GB/T 18857—2019《配电线路带电作业技术导则》5.1.4。

38. 作业应设专人监护，工作负责人（或专责监护人）应始终在工作现场，对作业人员的安全认真监护，及时纠正（　　）。

A. 随意说话的行为　　B. 违反安全的动作

C. 靠近带电体的动作　　D. 在绝缘斗内休息的行为

答：B。

出处：GB/T 18857—2019《配电线路带电作业技术导则》5.2.1。

39. 工作负责人（或专责监护人）的监护范围不得超过（　　）个作业点。复杂的高杆塔上的作业，必要时应增设专责监护人。

A. 一　　B. 二　　C. 三　　D. 四

答：A。

出处：GB/T 18857—2019《配电线路带电作业技术导则》5.2.3。

40. 在海拔小于或等于 3000m 的 10kV 配电线路带电作业中，绝缘斗臂车上金属部分在仰起、回转运动中，与带电体间的最小安全距离为（　　）m。

A. 0.7　　B. 0.8　　C. 0.9　　D. 1.0

答：C。

出处：GB/T 18857—2019《配电线路带电作业技术导则》表 2。

41. 在海拔小于或等于 3000m 的 10kV 配电线路带电作业中，带电升起、下落、左右移动导线等作业时，与被跨越物间交叉、平行的最小安全距离为（　　）m。

A. 0.7　　B. 0.8　　C. 0.9　　D. 1.0

答：D。

出处：GB/T 18857—2019《配电线路带电作业技术导则》表 3。

42. 在海拔小于或等于 3000m 的 10kV 配电线路带电作业中，绝缘承力工具最小有效绝缘长度为（　　）m。

A. 0.4　B. 0.5　C. 0.6　D. 0.7

答：A。

出处：GB/T 18857—2019《配电线路带电作业技术导则》表 4。

43. 在海拔小于或等于 3000m 的 10kV 配电线路带电作业中，绝缘操作工具的最小有效绝缘长度为（　）m。

A. 0.4　B. 0.5　C. 0.6　D. 0.7

答：D。

出处：GB/T 18857—2019《配电线路带电作业技术导则》表 5。

44. 在 10kV 配电线路带电作业时，到达现场后，在作业前对（　）进行绝缘电阻检测。

A. 绝缘遮蔽用具　B. 绝缘操作工具

C. 绝缘防护用具　D. 绝缘斗臂车

答：B。

出处：GB/T 18857—2019《配电线路带电作业技术导则》9.4。

45. 在 10kV 配电线路带电作业时，遮蔽用具之间的接合处的重合长度不应小于（　）mm。

A. 50　B. 100　C. 150　D. 200

答：C。

出处：GB/T 18857—2019《配电线路带电作业技术导则》表 12。

46. 交流 220kV 及以下电压等级的带电作业工具、装置和设备，采用（　）min 交流耐压试验。

A. 1　B. 2　C. 3　D. 5

答：A。

出处：DL/T 976—2017《带电作业用工具、装置和设备预防性试验规程》4.3。

47. 交流 330kV 及以上电压等级的带电作业工具、装置和设备，采用（　）min 交流耐压试验。

A. 1　B. 2　C. 3　D. 5

答：C。

出处：DL/T 976—2017《带电作业用工具、装置和设备预防性试验规程》4.3。

48. 进行操作冲击耐压试验时，应对试品施加（　　）次波形为250/2500μs的正极性冲击电压。

A. 5　　B. 10　　C. 15　　D. 20

答：C。

出处：DL/T 976—2017《带电作业用工具、装置和设备预防性试验规程》4.5。

49. 10kV 绝缘操作杆端部金属接头长度不大于（　　）mm。

A. 50　　B. 100　　C. 150　　D. 200

答：B。

出处：DL/T 976—2017《带电作业用工具、装置和设备预防性试验规程》表 1。

50. 10kV 绝缘操作杆电气试验时试验电极间距离为（　　）m。

A. 0.3　　B. 0.4　　C. 0.6　　D. 0.7

答：B。

出处：DL/T 976—2017《带电作业用工具、装置和设备预防性试验规程》表 2。

51. 绝缘滑车的外观和尺寸检查中，侧板开口应在（　　）范围内无卡阻现象。

A. 30°　　B. 45°　　C. 60°　　D. 90°

答：D。

出处：DL/T 976—2017《带电作业用工具、装置和设备预防性试验规程》5.7.1。

52. 绝缘子电位分布测试仪的间隙调整与放电试验中，间隙放电试验的次数不应少于（　　）次。

A. 5　　B. 10　　C. 15　　D. 20

答：B。

出处：DL/T 976—2017《带电作业用工具、装置和设备预防性试验规程》8.4.2.2。

53. 绝缘斗臂车额定荷载工况（即按工作斗的额定荷载加载）试验，应按全工况曲线图全部操作（　　）遍。

A. 2　　B. 3　　C. 4　　D. 5

答：B。

出处：DL/T 976—2017《带电作业用工具、装置和设备预防性试验规程》9.1.3.2。

54. 人身绝缘保险绳的抗拉性能应在静拉力（　　）kN 下持续 5min 无损伤、无断裂。

A. 1.5　　B. 2.5　　C. 3.0　　D. 4.4

答：D。

出处：DL/T 976—2017《带电作业用工具、装置和设备预防性试验规程》5.5.3.2。

55. 绝缘手工工具的电气试验，试验时施加（　　）kV 工频电压，持续（　　）min，若未发生击穿、放电或闪络，则试验通过。

A. 10、1　　B. 10、3　　C. 20、1　　D. 20、3

答：A。

出处：DL/T 976—2017《带电作业用工具、装置和设备预防性试验规程》5.8.2.2。

56. 绝缘横担、绝缘平台的电气试验，额定电压等级 10kV 的绝缘横担、平台的电气性能试验电极间距离为 0.4m，1min 交流耐压为（　　）kV。

A. 35　　B. 45　　C. 75　　D. 100

答：B。

出处：DL/T 976—2017《带电作业用工具、装置和设备预防性试验规程》表 13。

57. 10kN 级绝缘紧线器的机械性能应满足承受负荷（　　）kN。

A. 10　　B. 11　　C. 12　　D. 13

答：C

出处：DL/T 976—2017《带电作业用工具、装置和设备预防性试验规程》表 15。

58. 紧线卡线器静态负荷试验在其相应负荷作用下，持续（　　）min 后卸载，试件各组成部分应无永久变形或损伤。

A. 1　　B. 2　　C. 3　　D. 5

答：D

出处：DL/T 976—2017《带电作业用工具、装置和设备预防性试验规程》6.2.2.2

59. 核相仪自检试验，按照操作程序和步骤对核相仪进行自检回路检测，重复进行（　　）次自检，每次自检都有视觉和听觉信号，则试验通过。

A. 1　　B. 2　　C. 3　　D. 4

答：C

出处：DL/T 976—2017《带电作业用工具、装置和设备预防性试验规程》8.1.2.2

60. 额定电压为 10kV 的绝缘操作杆，手持部分长度不小于（　　）m。

A. 0.7　　B. 0.6　　C. 0.5　　D. 0.4

答：B。

出处：DL/T 976—2017《带电作业用工具、装置和设备预防性试验规程》表 1。

61. 10kV 支杆活动部分的最短有效绝缘长度为（　　）m。

A. 0.2　　B. 0.3　　C. 0.4　　D. 0.5

答：D。

出处：DL/T 976—2017《带电作业用工具、装置和设备预防性试验规程》表 4。

62. 绝缘钩型滑车的电气试验，应能通过交流（　　）kV、时间为（　　）min 的耐压试验。

A. 35、1　　B. 35、3　　C. 37、1　　D. 37、3

答：C

出处：DL/T 976—2017《带电作业用工具、装置和设备预防性试验规程》5.7.2.2

63. 除绝缘钩型滑车外，其他型号的绝缘滑车均应能通过交流（　　）kV、时间为（　　）min 的耐压试验。

A. 25、1　　B. 25、3　　C. 35、1　　D. 35、3

答：A。

出处：DL/T 976—2017《带电作业用工具、装置和设备预防性试验规程》

5.7.2.2。

64. 额定电压为 10kV 绝缘靴的电气性能特性试验中，交流试验电压为（　　）kV，最大泄漏电流为（　　）mA。

A. 10、10　　B. 15、10　　C. 20、20　　D. 25、20

答：C。

出处：DL/T 976—2017《带电作业用工具、装置和设备预防性试验规程》表 21。

65. 额定电压为 10kV 绝缘鞋的电气性能特性试验中，交流试验电压为（　　）kV，最大泄漏电流为（　　）mA。

A. 10、2　　B. 10、4　　C. 20、6　　D. 20、8

答：C。

出处：DL/T 976—2017《带电作业用工具、装置和设备预防性试验规程》表 20。

66. 柔性电缆与连接器组合后交流电压试验，施加（　　）kV 交流电压（　　）min，以无击穿为合格。

A. 42、1　　B. 42、3　　C. 45、1　　D. 45、3

答：C。

DL/T 976—2017《带电作业用工具、装置和设备预防性试验规程》9.8.2.2。

67. 绝缘安全帽的交流耐压试验，试验电压应从较低值开始上升，以大约（　　）V/s 的速度逐渐升压至（　　）kV，加压时间保持 1min，试验时以无闪络、无击穿、无过热为合格。

A. 1000、1　　B. 1000、20　　C. 2000、10　　D. 2000、20

答：B。

出处：DL/T 976—2017《带电作业用工具、装置和设备预防性试验规程》7.5.2.2。

68. 电弧危害指因电弧释放大量（　　）对人身的伤害或对设备造成的损坏。

A. 热能　　B. 电流　　C. 能量　　D. 电能

答：C。

出处：DL/T 320—2010《个人电弧防护用品通用技术要求》3.1。

69. 棱镜度为物像的偏视差到物像间的距离之比，（　　）倍时称为一个棱镜度。

A. 10　　B. 50　　C. 60　　D. 100

答：D。

出处：DL/T 320—2010《个人电弧防护用品通用技术要求》3.9。

70. 入射的电弧能量经过防护用品的阻隔后，残余的能量不足以产生（　　），则是有效的电弧防护。

A. Ⅰ度及以上灼伤　　B. Ⅱ度及以上灼伤

C. Ⅰ度及以下灼伤　　D. Ⅱ度及以下灼伤

答：B。

出处：DL/T 320—2010《个人电弧防护用品通用技术要求》3.11。

71. 对于可能面临电弧能量不小于 25.74J/cm^2 的人员或进入可能有电弧危害区域的人员宜配置相应的（　　）。

A. 电弧防护服　　B. 个人电弧防护用品

C. 电弧防护面屏　　D. 电弧防护头罩

答：B。

出处：DL/T 320—2010《个人电弧防护用品通用技术要求》4.1。

72. 对于分析可能面临电弧能量不小于（　　）J/cm^2 的人员或进入可能有电弧危害区域的人员宜配置相应的个人电弧防护用品。

A. 21.47　　B. 25.74　　C. 33.47　　D. 36.36

答：B。

出处：DL/T 320—2010《个人电弧防护用品通用技术要求》4.1。

73. 为确保个人电弧防护用品在使用过程中具有稳定可靠的防护性能，面料应采用具有（　　）性能的材料。

A. 结构阻燃　　B. 物理阻燃　　C. 本质阻燃　　D. 后整理阻燃

答：C。

出处：DL/T 320—2010《个人电弧防护用品通用技术要求》5.2.1.3。

74. 面料高温稳定性能试验中，单层或多层面料按 DL/T 320—2016《个人电弧防护用品通用技术要求》6.4 的要求进行试验，面料的经向和纬向的收缩率不大于（　　）。

A. 10%　　B. 15%　　C. 20%　　D. 25%

答：A。

出处：DL/T 320—2010《个人电弧防护用品通用技术要求》5.2.4。

75. 电弧防护服应尽量覆盖身体裸露的部分。电弧防护服的分体式设计上下装之间覆盖部分不应少于（　　）mm。

A. 100　　B. 150　　C. 200　　D. 250

答：B。

出处：DL/T 320—2010《个人电弧防护用品通用技术要求》5.3.1。

76. 未使用过的个人电弧防护用品（不包括面屏）在使用之前应至少洗涤（　　）次。

A. 一　　B. 二　　C. 三　　D. 四

答：A。

出处：DL/T 320—2010《个人电弧防护用品通用技术要求》8.1.2。

77. 个人电弧防护用品一旦暴露在电弧能量之后应（　　）。

A. 清洁　　B. 再次试验　　C. 修补　　D. 报废

答：D。

出处：DL/T 320—2010《个人电弧防护用品通用技术要求》8.2.2。

78. 产品应存放于干燥通风处，不得与有（　　）物品放在一起。

A. 酸性　　B. 腐蚀性　　C. 氧化性　　D. 还原性

答：B。

出处：DL/T 320—2010《个人电弧防护用品通用技术要求》10.3。

79. 开关站是指有开关设备，通常还包括母线，但没有（　　）的变电站。

A. 负荷开关　　B. 电力变压器　　C. 控制设备　　D. 计量装置

答：B。

出处：GB 26859—2011《电力安全工作规程 电力线路部分》3.7。

80. 个人保安线是用于保护工作人员防止（　　）的接地线。

A. 高空坠落伤害　　B. 电弧伤害

C. 高空落物伤害　　D. 感应电伤害

答：D。

出处：GB 26859—2011《电力安全工作规程 电力线路部分》3.10。

81. 工作人员应经医师鉴定，无妨碍工作的病症，体格检查至少每（ ）一次。

A. 半年　　B. 一年　　C. 两年　　D. 三年

答：C。

出处：GB 26859—2011《电力安全工作规程 电力线路部分》4.1.1。

82. 10kV 带电线路杆塔上工作与带电导线最小安全距离为（ ）。

A. 0.4m　　B. 0.6m　　C. 0.7m　　D. 1.0m

答：C。

出处：GB 26859—2011《电力安全工作规程 电力线路部分》表 1。

83. 10kV 线路验电时人体与被验电设备的距离应为（ ）。

A. 0.4m　　B. 0.6m　　C. 0.7m　　D. 1.0m

答：C。

出处：GB 26859—2011《电力安全工作规程 电力线路部分》表 1。

84. 带电作业应在良好天气下进行。如遇雷电、雪、雹、雨和雾等恶劣天气情况，（ ）不宜进行带电作业。

A. 风力大于 5 级或湿度大于 80%时

B. 风力大于 6 级或湿度大于 80%时

C. 风力大于 5 级或湿度大于 70%时

D. 风力大于 6 级或湿度大于 70%时

答：A。

出处：GB 26859—2011《电力安全工作规程 电力线路部分》11.1.2。

85. 带电绝缘工具在运输过程中，应装在专用工具袋、工具箱或（ ）。

A. 货车内　　B. 工程车内

C. 带电作业车内　　D. 专用工具车内

答：D。

出处：GB 26859—2011《电力安全工作规程 电力线路部分》11.3.3。

86. 作业现场使用的带电作业工具应放置在（ ）或绝缘物上。

A. 干燥的地面上　　B. 防潮帆布上

C. 专用工具车内　　D. 帆布上

答：B。

出处：GB 26859—2011《电力安全工作规程 电力线路部分》11.3.4。

87. 带电作业器具应按规定定期进行（　　）。

A. 试验　　B. 实验　　C. 擦拭　　D. 保养

答：A。

出处：GB 26859—2011《电力安全工作规程 电力线路部分》11.3.5。

88. 绝缘手套工频耐压试验的周期为（　　）。

A. 半年　　B. 一年　　C. 一年半　　D. 三个月

答：A。

出处：GB 26859—2011《电力安全工作规程 电力线路部分》表 E.1。

89. 进行额定电压为 6～10kV 绝缘隔板工频耐压试验时，工频耐压为（　　），持续时间为（　　）。

A. 20kV，3min　B. 25kV，5min　C. 10kV，3min　D. 30 kV，5min

答：D。

出处：GB 26859—2011《电力安全工作规程 电力线路部分》表 E.1。

90. 高空作业车的最大工作平台高度是指工作平台承载面与作业车支承面之间的最大（　　）距离。

A. 起升　　B. 水平　　C. 垂直　　D. 直线

答：C。

出处：GB/T 9465—2008《高空作业车》3.4。

91. 高空作业车最大作业高度指最大工作平台高度与（　　）的高度 1.7m 之和。

A. 作业人员身高

B. 作业人员可以进行安全作业所能达到

C. 作业人员身高加臂展

D. 作业人员可以接触到

答：B。

出处：GB/T 9465—2008《高空作业车》3.6。

92. 高空作业车最大作业高度指最大工作平台高度与作业人员可以进行安全作业所能达到的高度（　　）m 之和。

A. 1.5　　B. 1.6　　C. 1.7　　D. 1.8

答：C。

出处：GB/T 9465—2008《高空作业车》3.6。

93. 高空作业车最大平台幅度指（　　）与工作平台外边缘的最大水平距离。

A. 车身中心　　B. 支腿中心　　C. 车身重心　　D. 回转中心轴线

答：D。

出处：GB/T 9465—2008《高空作业车》3.7。

94. 作业车应设置（　　）。

A. 警示灯　　B. 警报器

C. 安全警示标志　　D. 标志牌

答：C。

出处：GB/T 9465—2008《高空作业车》5.1.7。

95. 在坚定的水平地面上，外伸支腿固定作业车，平台承载（　　）倍的额定荷载，升降机构伸展到整车处于稳定性最不利的状态，作业车应稳定。

A. 1.25　　B. 1.5　　C. 1.75　　D. 2

答：B。

出处：GB/T 9465—2008《高空作业车》5.2.1。

96. 作业车在特定的形式下使用时，平台承载（　　）倍的额定荷载，整车置于易倾翻方向坡度为（　　）的倾面上，允许外伸支腿调整，作业车应稳定。

A. 1.25，5°　　B. 1.25，2.5°　　C. 1.5，5°　　D. 1.5，2.5°

答：A。

出处：GB/T 9465—2008《高空作业车》5.2.2。

97. 高空作业车平台及伸展机构承载部件所用的塑性材料，按材料最低屈服极限计算，结构安全系数不应小于（　　）。

A. 1.5　　B. 2　　C. 2.5　　D. 5

答：B。

出处：GB/T 9465—2008《高空作业车》5.3.1。

98. 高空作业车平台及伸展机构承载部件所用的非塑性材料，按材料最小强度极限计算，结构安全系数不应小于（　　）。

A. 1.5　　B. 2　　C. 2.5　　D. 5

答：D。

出处：GB/T 9465—2008《高空作业车》5.3.2。

99. 平台或伸展机构如由钢丝绳或链条承受额定荷载，按材料最小强度极限计算，钢丝绳或链条的安全系数不应小于（　　）。

A. 5　　B. 6　　C. 7　　D. 8

答：D。

出处：GB/T 9465—2008《高空作业车》5.3.4。

100. 高空作业车应装有（　　），该开关在应急时有效地切断所有动力系统，并置于操作者易于操作的地方。

A. 急停开关　　B. 应急开关　　C. 制动开关　　D. 切断开关

答：A。

出处：GB/T 9465—2008《高空作业车》5.6.4。

101. 高空作业车的调平机构应保证工作平台在任一工作位置均处于水平状态，工作平台底面与水平面的夹角不应大于（　　）

A. 3°　　B. 5°　　C. 7°　　D. 9°

答：B。

出处：GB/T 9465—2008《高空作业车》5.7.10。

102. 最大作业高度大于或等于 20m 的作业车应进行（　　）次可靠性作业循环。

A. 700　　B. 800　　C. 900　　D. 1000

答：B。

出处：GB/T 9465—2008《高空作业车》5.11。

103. 最大作业高度小于 20m 的作业车应进行（　　）次可靠性作业循环。

A. 700　　B. 800　　C. 900　　D. 1000

答：D。

出处：GB/T 9465—2008《高空作业车》5.11。

104. 高空作业车平均无故障工作时间不少于（　　），可靠度不小于（　　）。

A. 80h，80%　　B. 90h，80%　　C. 80h，85%　　D. 90h，85%

答：C。

出处：GB/T 9465—2008《高空作业车》5.11。

105. 个体防护装备指保护人体避免受到（　　）而使用的安全用具。

A. 急性伤害　　B. 机械伤害　　C. 打击伤害　　D. 触电伤害

答：A。

出处：DL/T 1476—2015《电力安全工器具预防性试验规程》4.a。

106. 辅助绝缘安全工器具指绝缘强度不能承受设备或线路的（　　），仅用于加强基本绝缘安全工器具的保安作用。

A. 最大电压　　B. 工作电压　　C. 操作过电压　　D. 相电压

答：B。

出处：DL/T 1476—2015《电力安全工器具预防性试验规程》4.b.2。

107. 机械试验应配备防止飞物的防护装置，承力支架应能承受试验所需最大应力的（　　）倍。

A. 1.0　　B. 1.1　　C. 1.2　　D. 1.3

答：B。

出处：DL/T 1476—2015《电力安全工器具预防性试验规程》5.1。

108. 塑料安全帽的使用期为从产品制造完成之日起（　　），以后每年抽检一次。

A. 1 年　　B. 1.5 年　　C. 2 年　　D. 2.5 年

答：D。

出处：DL/T 1476—2015《电力安全工器具预防性试验规程》6.1.1.2。

109. 安全帽冲击性能试验要求传递到头模上的冲击力小于（　　）N，帽壳不得有碎片脱落。

A. 3900　　B. 4500　　C. 4900　　D. 5000

答：C。

出处：DL/T 1476—2015《电力安全工器具预防性试验规程》6.1.1.2。

110. 围杆作业安全带的试验静拉力为（　　）N。

A. 2113　　B. 2205　　C. 2300　　D. 2322

答：B。

出处：DL/T 1476—2015《电力安全工器具预防性试验规程》6.1.2.2。

111. 坠落悬挂安全带的试验静拉力为（　　）N。

A. 3100　　B. 3200　　C. 3300　　D. 3400

答：C。

出处：DL/T 1476—2015《电力安全工器具预防性试验规程》6.1.2.2。

112. 速差自控器试验时需将速差器钢丝绳（或合成纤维带）在其全行程中任选（　　）处，进行拉出、制动。

A. 3　　B. 4　　C. 5　　D. 6

答：C。

出处：DL/T 1476—2015《电力安全工器具预防性试验规程》6.1.4.3。

113. 电容型验电器应自检（　　）次，指示器均应有视觉和听觉信号出现。

A. 1　　B. 2　　C. 3　　D. 4

答：C。

出处：DL/T 1476—2015《电力安全工器具预防性试验规程》6.2.3.1。

114. 用于夹持小零件的工具为（　　）。

A. 螺丝夹钳　　B. 可调小钳　　C. 虎夹钳　　D. 万向钳

答：B。

出处：GB/T 14286—2008《带电作业工具设备术语》2.3.1.24。

115. 作业人员通过电气连接，使自己身体的电位上升至带电体的电位，且与周围不同电位适当隔离而直接对带电体进行作业称为（　　）。

A. 间接作业　　B. 直接作业　　C. 等电位作业　　D. 中间电位作业

答：C。

出处：GB/T 14286—2008《带电作业工具设备术语》2.1.1.6。

116. 最小作业距离是工作人员身体的任何部位或手持的导电工具与带电或接地的不同电位的任何部分之间的（　　）。

A. 最小绝缘距离　　B. 最小安全距离

C. 最小空气距离　　D. 最小电气距离

答：C。

出处：GB/T 14286—2008《带电作业工具设备术语》2.1.9.1。

117. 最小作业距离是（　　）和人机操纵距离之和。

A. 活动距离　　B. 安全距离　　C. 绝缘距离　　D. 电气距离

答：D。

出处：GB/T 14286—2008《带电作业工具设备术语》2.1.9.1。

118. 用来分开电缆相导线的工具为（　　）。

A. 撬杠　　B. 楔块　　C. 平口钳　　D. 冲子

答：B。

出处：GB/T 14286—2008《带电作业工具设备术语》2.6.1.1。

119. 工作人员身体的任何部位或手持的导电工具与带电或接地的不同电位的任何部分之间的最小空气距离为（　　）。

A. 最小作业距离　　B. 最小电气距离

C. 最小人机操纵距离　　D. 最小人体活动范围

答：A。

出处：GB/T 14286—2008《带电作业工具设备术语》2.1.9.1。

120. 提升吊轭（　　）。

A. 通常由金属制成，为提升重物的滑轮提供点

B. 安装在铁塔上，作为提升杆附件的金属工具

C. 用来放松耐张串的机械张力的工具

D. 通过拉杆放松绝缘子上机械拉力的金属工具

答：A。

出处：GB/T 14286—2008《带电作业工具设备术语》2.9.2.1。

121. （　　）是带有短路线的线夹，用短路条或导电原件直接或通过连杆连接到导体上（导线、母线或载流线）或连接到永久连接点上。

A. 导线线夹　　B. 地线线夹　　C. 接地棒　　D. 导电延伸元件

答：A。

出处：GB/T 14286—2008《带电作业工具设备术语》2.14.7。

122. 可装配的工具应有（　　），避免因偶然因素脱离，锁紧力应当根据相关规定测试。

A. 防滑装置　　B. 固定装置　　C. 锁紧装置　　D. 卡扣装置

答：C。

出处：GB/T 18269—2008《交流 1kV、直流 1.5kV 及以下电压等级带电作业用绝缘手工工具》4.1.8。

123. 金属工具的金属裸露部分应进行必要的（　　）处理。

A. 防滑　　B. 防电　　C. 防水　　D. 防锈

答：D。

出处：GB/T 18269—2008《交流 1kV、直流 1.5kV 及以下电压等级带电作业用绝缘手工工具》4.1.10。

124. 绝缘手柄应有（　　）以防止手滑向端头未包覆绝缘材料的金属部分，护手应有足够的高度以防止工作中手指滑向导电部分。

A. 防滑部分　　B. 螺纹　　C. 护手　　D. 保护

答：C。

出处：GB/T 18269—2008《交流 1kV、直流 1.5kV 及以下电压等级带电作业用绝缘手工工具》4.2.2。

125. 交流 1kV、直流 1.5kV 及以下电压等级带电作业用绝缘手工工具的试验环境条件：试品应在温度为（23±5）℃、相对湿度为 45%～75%的试验环境条件下至少放置（　　）h 后再进行试验。各项试验结果值允许有 5%的误差。

A. 24　　B. 6　　C. 12　　D. 16

答：D。

出处：GB/T 18269—2008《交流 1kV、直流 1.5kV 及以下电压等级带电作业用绝缘手工工具》5.1。

126. 人体电流指通过（　　）流过人体的电流。

A. 人体电阻　　B. 躯体阻抗　　C. 皮肤阻抗　　D. 人体阻抗

答：D。

出处：GB/T 18269—2008《带电作业工具设备术语》2.1.1.19。

127. 绝缘材料或绝缘层做机械冲击试验，至少选取分布在不同位置的（　　）个试验点，测试点应在实际工况中可能会出现冲击损坏的部位选取。

A. 3　　B. 4　　C. 5　　D. 6

答：A。

出处：GB/T 18269—2008《交流 1kV、直流 1.5kV 及以下电压等级带电作业用绝缘手工工具》5.3。

128. 通过电气试验后的包覆绝缘工具应进行（　　）。工具上所有绝缘包覆层都应进行压痕试验。

A. 压痕试验　B. 周期试验　C. 预防性试验　D. 特殊试验

答：A。

出处：GB/T 18269—2008《交流 1kV、直流 1.5kV 及以下电压等级带电作业用绝缘手工工具》5.5。

129. 绝缘手套的平均拉伸强度不应低于（　　）MPa。

A. 10　B. 12　C. 15　D. 16

答：D。

出处：GB/T 17622—2008《带电作业用绝缘手套》5.2.1。

130. 绝缘手套的平均扯断伸长率不应低于（　　）%。

A. 100　B. 400　C. 600　D. 800

答：C。

出处：GB/T 17622—2008《带电作业用绝缘手套》5.2.1。

131. 长袖复合绝缘手套淋雨实验的试验时间为（　　）min。

A. 1　B. 2　C. 3　D. 5

答：C。

出处：GB/T 17622—2008《带电作业用绝缘手套》表 7。

132. 在绝缘手套的耐磨试验中，每个摩擦轮在试品上能施加（　　）N 的力。

A. 2.45　B. 1.78　C. 1.45　D. 2.78

答：A。

出处：GB/T 17622—2008《带电作业用绝缘手套》6.3.4。

133. 在绝缘手套的耐切割试验中，两件手套试品的耐切割指数 I 的最小值不小于（　　）。

A. 1.0　B. 1.5　C. 2.5　D. 3.0

答：C。

出处：GB/T 17622—2008《带电作业用绝缘手套》6.3.5。

134. 绝缘手套的抗撕裂试验中四件试品的最小撕裂值不得小于（　　）N。

A. 10　B. 30　C. 50　D. 80

答：B。

出处：GB/T 17622—2008《带电作业用绝缘手套》6.3.6。

135. 绝缘手套的电气试验周期为（ ），超期则不能直接使用。

A. 3　B. 6　C. 12　D. 24

答：B。

出处：GB/T 17622—2008《带电作业用绝缘手套》c.5。

136. 用于承力工具的压层绝缘材料，其纵向和横向都应具有较高的抗张强度，但横向强度可略低于纵向，两者之比可控制在（ ）以内。

A. 1.1∶1　B. 1.3∶1　C. 1.5∶1　D. 2∶1

答：C。

出处：GB/T 18037—2000《带电作业工具基本技术要求与设计导则》4.4.1。

137. GB/T 18037—2000《带电作业工具基本技术要求与设计导则》规定，在高原地区使用的斗臂车，海拔每增加 1000m，整体绝缘水平应相应增加（ ）。

A. 5%　B. 10%　C. 15%　D. 20%

答：B。

出处：GB/T 18037—2000《带电作业工具基本技术要求与设计导则》4.4.2。

138. GB/T 18037—2000《带电作业工具基本技术要求与设计导则》规定，标准的气象条件为（ ）℃，0.1013MPa，11g/m³。

A. 10　B. 20　C. 30　D. 40

答：B。

出处：GB/T 18037—2000《带电作业工具基本技术要求与设计导则》6.1.1。

139. GB/T 18037—2000《带电作业工具基本技术要求与设计导则》规定，6～10kV 电压等级相对地的安全距离为（ ）cm。

A. 30　B. 40　C. 50　D. 60

答：B。

出处：GB/T 18037—2000《带电作业工具基本技术要求与设计导则》6.2.2。

140. GB/T 18037—2000《带电作业工具基本技术要求与设计导则》规定，6～10kV 电压等级相间安全距离为（ ）cm。

A. 50　B. 60　C. 70　D. 80

答：B。

出处：GB/T 18037—2000《带电作业工具基本技术要求与设计导则》6.2.2。

141. GB/T 18037—2000《带电作业工具基本技术要求与设计导则》规定，10kV 电压等级绝缘操作杆的有效绝缘长度为（　　）。

A. 40cm　B. 50cm　C. 60cm　D. 70cm

答：D。

出处：GB/T 18037—2000《带电作业工具基本技术要求与设计导则》6.2.3。

142. GB/T 18857—2019《配电线路带电作业技术导则》适用于海拔（　　）、10kV 电压等级配电线路的带电检修和维护作业。

A. 1000m 以下地区　B. 1000m 及以下地区

C. 4500m 以下地区　D. 4500m 及以下地区

答：D。

出处：GB/T 18857—2019《配电线路带电作业技术导则》1。

143. GB/T 18037—2000《带电作业工具基本技术要求与设计导则》规定，10kV 电压等级支、拉、吊、紧线杆及绳索的有效绝缘长度为（　　）。

A. 40cm　B. 50cm　C. 60cm　D. 70cm

答：A。

出处：GB/T 18037—2000《带电作业工具基本技术要求与设计导则》6.2.3。

144. 绝缘袖套按其特殊性能可分为五类，分别为 A、H、Z、S、C，其中 S 表示（　　）。

A. 耐油和臭氧　B. 耐酸　C. 耐低温　D. 耐臭氧

答：A。

出处：DL/T 778—2014《带电作业用绝缘袖套》4.2。

145. 绝缘袖套按其特殊性能可分为五类，分别为 A、H、Z、S、C，其中 C 表示（　　）。

A. 耐油和臭氧　B. 耐酸　C. 耐高温　D. 耐低温

答：D。

出处：DL/T 778—2014《带电作业用绝缘袖套》4.2。

146. 绝缘袖套按其特殊性能可分为五类，分别为 A、H、Z、S、C，其中 A 表示（　　）。

A. 耐油和臭氧　B. 耐酸　C. 耐高温　D. 耐低温

答：B。

出处：DL/T 778—2014《带电作业用绝缘袖套》4.2。

147. 适用于 10kV 电压等级的绝缘袖套的级别为（ ）级。

A. 0 B. 1 C. 2 D. 3

答：C。

出处：DL/T 778—2014《带电作业用绝缘袖套》4.1。

148. 10kV 带电作业用绝缘袖套的最大橡胶厚度为（ ）mm。

A. 1.5 B. 2.0 C. 2.5 D. 2.9

答：C。

出处：DL/T 778—2014《带电作业用绝缘袖套》5.2。

149. 绝缘袖套的拉伸强度和扯断伸长率试验中，从被试袖套上切取 4 个哑铃形测试块进行试验，4 个测试块的平均拉伸强度不低于（ ）MPa，平均扯断伸长率不应小于 600%，试验通过。

A. 300 B. 200 C. 14 D. 5

答：C

出处：DL/T 778—2014《带电作业用绝缘袖套》6.3.2。

150. 绝缘袖套的机械穿刺试验，从被试袖套上切取两个圆形试品，要求刺穿强度不小于（ ）N/mm。

A. 10 B. 18 C. 20 D. 25

答：B。

出处：DL/T 778—2014《带电作业用绝缘袖套》6.3.3。

151. 绝缘袖套的拉伸永久变形试验中，3 件试品的平均拉伸永久变形不应超过（ ）。

A. 5% B. 10% C. 15% D. 20%

答：C。

出处：DL/T 778—2014《带电作业用绝缘袖套》6.3.4。

152. A 类袖套耐酸性试验中，浸酸后袖套的拉伸强度和扯断伸长率实验值不应小于不浸酸的（ ）。

A. 50% B. 60% C. 70% D. 75%

答：D。

出处：DL/T 778—2014《带电作业用绝缘袖套》7.2。

153. H类袖套耐油试验中，浸油后袖套拉伸强度和扯断伸长率实验值不应小于不浸油实验值的（　　）。

A. 50%　　B. 60%　　C. 70%　　D. 75%

答：A。

出处：DL/T 778—2014《带电作业用绝缘袖套》7.3。

154. 绝缘袖套应储存在温度为10～28℃的环境中，且应离热源（　　）m以上。

A. 0.5　　B. 1　　C. 1.5　　D. 2

答：B。

出处：DL/T 778—2014《带电作业用绝缘袖套》9.3。

155. 带电作业用绝缘垫按电气性能分为5级，10kV交流电压等级的带电作业用绝缘垫级别为（　　）级。

A. 0　　B. 1　　C. 2　　D. 3

答：C。

出处：DL/T 853—2015《带电作业用绝缘垫》5。

156. 级别为2的带电作业用绝缘垫厚度为（　　）mm。

A. 6.0　　B. 8.0　　C. 11.0　　D. 14.0

答：B。

出处：DL/T 853—2015《带电作业用绝缘垫》6.31。

157. 级别为3的带电作业用绝缘垫厚度为（　　）mm。

A. 6.0　　B. 8.0　　C. 11.0　　D. 14.0

答：C

出处：DL/T 853—2015《带电作业用绝缘垫》6.31。

158. 带电作业用绝缘垫在进行试验前应将试品预置在温度为（23±2）℃、相对湿度为（50±5）%的环境中（　　）h。

A. 12　　B. 24　　C. 36　　D. 48

答：B。

出处：DL/T 853—2015《带电作业用绝缘垫》7.3.1。

159. 对用于严寒气候条件的C型带电作业用绝缘垫，应进行（　　）。

A. 耐酸试验　　B. 阻燃试验　　C. 热老化试验　　D. 超低温试验

答：D。

出处：DL/T 853—2015《带电作业用绝缘垫》7.8。

160. 带电作业用绝缘垫的最佳贮存环境温度为（ ）。

A. 10～20℃ B. 10～21℃ C. 15～25℃ D. 15～20℃

答：B。

出处：DL/T 853—2015《带电作业用绝缘垫》C1。

161. 带电作业用绝缘垫应每（ ）个月进行一次例行试验，不允许使用超过试验有效期的带电作业用绝缘垫（即使一直贮藏不曾使用），若超过有效期，则必须再次试验后才能使用。

A. 3 B. 6 C. 12 D. 18

答：B。

出处：DL/T 853—2015《带电作业用绝缘垫》C5。

162. 具有特殊性能的带电作业用导线软质遮蔽罩可分为（ ）种类型。

A. 3 B. 4 C. 5 D. 6

答：D。

出处：DL/T 880—2004《带电作业用导线软质遮蔽罩》5.2。

163. C 型带电作业用导线软质遮蔽罩的特殊性能为（ ）。

A. 耐油 B. 耐低温 C. 耐臭氧 D. 耐高温

答：B。

出处：DL/T 880—2004《带电作业用导线软质遮蔽罩》5.2。

164. W 型带电作业用导线软质遮蔽罩的特殊性能为（ ）。

A. 耐油 B. 耐潮 C. 耐臭氧 D. 耐高温

答：D。

出处：DL/T 880—2004《带电作业用导线软质遮蔽罩》5.2。

165. Z 型带电作业用导线软质遮蔽罩的特殊性能为（ ）。

A. 耐油 B. 耐低温 C. 耐臭氧 D. 耐高温

答：C。

出处：DL/T 880—2004《带电作业用导线软质遮蔽罩》5.2。

166. A 型带电作业用导线软质遮蔽罩的特殊性能为（ ）。

A. 耐油 B. 耐酸 C. 耐臭氧 D. 耐潮

答：B。

出处：DL/T 880—2004《带电作业用导线软质遮蔽罩》5.2。

167. H 型带电作业用导线软质遮蔽罩的特殊性能为（　　）。

A. 耐油　　B. 耐酸　　C. 耐臭氧　　D. 耐潮

答：A。

出处：DL/T 880—2004《带电作业用导线软质遮蔽罩》5.2。

168. P 型带电作业用导线软质遮蔽罩的特殊性能为（　　）。

A. 耐油　　B. 耐酸　　C. 耐臭氧　　D. 耐潮

答：D。

出处：DL/T 880—2004《带电作业用导线软质遮蔽罩》5.2。

169. HJS－B－16－F 型带电作业用绝缘绳索为（　　）。

A. 天然纤维绝缘绳索编织型ϕ16 防潮型

B. 合成纤维绝缘绳索绞制型ϕ16 防潮型

C. 高强度绝缘绳索套织型ϕ16 防潮型

D. 合成纤维绝缘绳索编织型ϕ16 防潮型

答：D。

出处：GB/T 13035—2008《带电作业用绝缘绳索》5.2.1。

170. GJS－B－16－F 型带电作业用绝缘绳索为（　　）。

A. 天然纤维绝缘绳索编织型ϕ16 防潮型

B. 合成纤维绝缘绳索绞制型ϕ16 防潮型

C. 高强度绝缘绳索编织型ϕ16 防潮型

D. 合成纤维绝缘绳索编织型ϕ16 防潮型

答：C。

出处：GB/T 13035—2008《带电作业用绝缘绳索》5.2.1。

171. HJS－J－16 型绝缘绳索为（　　）。

A. 天然纤维绝缘绳索绞织型ϕ16　　B. 合成纤维绝缘绳索绞制型ϕ16

C. 天然纤维绝缘绳索编织型ϕ16　　D. 合成纤维绝缘绳索编织型ϕ16

答：C。

出处：GB/T 13035—2008《带电作业用绝缘绳索》5.2.1。

172. 防潮型绝缘绳索浸水后工频泄漏电流试品有效长度 0.5m 时的电器性

能要求为（　　）。

A. 不小于 170μA　　B. 不大于 500μA

C. 不大于 100μA　　D. 不大于 300μA

答：C。

出处：GB/T 13035—2008《带电作业用绝缘绳索》6.1.2。

173. 规格为 HJS－12 型的带电作业用绝缘绳索机械性能的伸长率为（　　），断裂强度不小于 15/kN。

A. 不小于 40%　　B. 不大于 48%　　C. 不小于 45%　　D. 不大于 43%

答：B。

出处：GB/T 13035—2008《带电作业用绝缘绳索》6.2.1。

174. 带电作业用绝缘绳索应每（　　）个月进行一次例行试验，（　　）进行一次抽样检验。

A. 3，每半年　　B. 6，每年

C. 3，每年　　D. 6，每两年

答：B。

出处：GB/T 13035—2008《带电作业用绝缘绳索》E2。

175. 对潮湿的带电作业用绝缘绳索应进行干燥处理，但干燥的温度不宜超过（　　）℃

A. 45　　B. 55　　C. 65　　D. 75

答：C。

出处：GB/T 13035—2008《带电作业用绝缘绳索》E3。

176. 带电作业用绝缘梯的横档应具有（　　），且应和梯梁垂直。

A. 防潮性　　B. 防滑表面　　C. 防腐蚀性　　D. 抗弯能力

答：B。

出处：GB/T 17620—2008《带电作业用绝缘硬梯》5.1。

177. 当带电作业用绝缘硬梯长度大于 5m 且不大于 12m 时，水平弯曲试验允许最大挠度 L_{max} 为（　　）。

A. L_{max}=（$5\times L^2$）$\times 10^3$　　B. L_{max}=（$0.043\times L$）-90

C. L_{max}=（$0.06\times L$）-294　　D. L_{max}=（$0.043\times L$）-294

答：B。

出处：GB/T 17620—2008《带电作业用绝缘硬梯》6.4.3。

178. 带电作业用绝缘硬梯在使用中应定期进行电气试验及机械试验，其试验周期为：电气试验（　　）月，机械试验（　　）月。

A. 12，12　　B. 12，24　　C. 6，12　　D. 12，18

答：B。

出处：GB/T 17620—2008《带电作业用绝缘硬梯》8。

179. 带电作业用绝缘毯按电气性能分为 0、1、2、3、4 五级。其中“2”对应（　　）V。

A. 3000　　B. 6000、10000

C. 20000　　D. 35000

答：B。

出处：DL/T 803—2015《带电作业用绝缘毯》5.1。

180. M 型带电作业用绝缘毯其性能为（　　）。

A. 耐酸　　B. 耐油　　C. 耐臭氧　　D. 耐机械刺穿

答：D。

出处：DL/T 803—2015《带电作业用绝缘毯》5.2。

181. S 型带电作业用绝缘毯其性能为（　　）。

A. 耐酸　　B. 耐油　　C. 耐油和臭氧　　D. 耐机械刺穿

答：C。

出处：DL/T 803—2015《带电作业用绝缘毯》5.2。

182. 级别为 2 级的橡胶类材料带电作业用绝缘毯的最大厚度为（　　）mm。

A. 3.4　　B. 3.6　　C. 3.8　　D. 4.0

答：C。

出处：DL/T 803—2015《带电作业用绝缘毯》6.3.1。

183. 级别为 2 级的塑胶类材料带电作业用绝缘毯的最大厚度为（　　）mm。

A. 1.5　　B. 2.0　　C. 2.5　　D. 3.0

答：B。

出处：DL/T 803—2015《带电作业用绝缘毯》6.3.1。

184. 2 级普通型带电作业用绝缘毯做抗机械刺穿试验时，其抗刺穿力不应小于（ ）N。

A. 40 B. 45 C. 50 D. 55

答：B。

出处：DL/T 803—2015《带电作业用绝缘毯》7.3.3。

185. 带电作业用绝缘毯抗撕裂实验中，标记线与试件的夹角为（ ）。

A. 45° B. 60° C. 75° D. 80°

答：C。

出处：DL/T 803—2015《带电作业用绝缘毯》图 5。

186. M 型带电作业用绝缘毯做抗机械刺穿试验时，其刺穿强度应大于（ ）N。

A. 60 B. 70 C. 80 D. 90

答：B。

出处：DL/T 803—2015《带电作业用绝缘毯》8.5。

187. 带电作业用绝缘鞋宜用平跟，绝缘靴后跟高度不应超过（ ）mm，外底应有防滑花纹。

A. 10 B. 20 C. 30 D. 40

答：C。

出处：DL/T 676—2012《带电作业用绝缘鞋（靴）通用技术条件》5.1.2。

188. 带电作业用绝缘靴经热老化试验后，试品的拉伸强度不低于老化前试验值的（ ）%。

A. 70 B. 80 C. 90 D. 100

答：B。

出处：DL/T 676—2012《带电作业用绝缘鞋（靴）通用技术条件》5.4。

189. 带电作业用绝缘鞋的电气性能试验中，2 级带电作业用绝缘鞋的试验电压为（ ）kV，验证电压下最大泄漏电流为（ ）mA。

A. 10、3 B. 10、6 C. 20、3 D. 20、6

答：D。

出处：DL/T 676—2012《带电作业用绝缘鞋（靴）通用技术条件》5.3.1。

190. 带电作业用绝缘靴的电气性能试验中，2 级绝缘靴的试验电压为

（　　）kV，验证电压下最大泄漏电流为（　　）mA。

A. 20、20　　B. 20、22　　C. 20、24　　D. 20、26

答：B。

出处：DL/T 676—2012《带电作业用绝缘鞋（靴）通用技术条件》5.3.2。

191. 具有特殊性能的防机械刺穿手套分为 5 种类型，其中 A 类（　　）。

A. 耐酸　　B. 耐油

C. 耐臭氧　　D. 耐酸、油、臭氧

答：A。

出处：DL/T 975—2005《带电作业用防机械刺穿手套》5.2。

192. 具有特殊性能的防机械刺穿手套分为 5 种类型，其中 H 类（　　）。

A. 耐酸　　B. 耐油　　C. 耐臭氧　　D. 耐酸、油、臭氧

答：B。

出处：DL/T 975—2005《带电作业用防机械刺穿手套》5.2。

193. 具有特殊性能的防机械刺穿手套分为 5 种类型，其中 Z 类（　　）。

A. 耐酸　　B. 耐油　　C. 耐臭氧　　D. 耐酸、油、臭氧

答：C。

出处：DL/T 975—2005《带电作业用防机械刺穿手套》5.2。

194. 具有特殊性能的防机械刺穿手套分为 5 种类型，其中 P 类（　　）。

A. 耐酸　　B. 耐油　　C. 耐臭氧　　D. 耐酸、油、臭氧

答：D。

出处：DL/T 975—2005《带电作业用防机械刺穿手套》5.2。

195. 存放 10～66kV 带电作业工具的库房面积一般为（　　）m^2。

A. 15～40　　B. 20～50　　C. 20～60　　D. 30～80

答：C。

出处：DL/T 974—2005《带电作业用工具库房》4.2。

196. 综合放置 10～500kV 带电作业工具的库房，一般要求工具存放空间与活动空间的比例为（　　）。

A. 1∶3　　B. 2∶1　　C. 3∶1　　D. 1∶2

答：B。

出处：DL/T 974—2005《带电作业用工具库房》4.2。

197. 带电作业用工具库房的内空高度宜大于（　　）m。

A. 2.7　　B. 3.0　　C. 3.3　　D. 3.5

答：B。

出处：DL/T 974—2005《带电作业用工具库房》4.2。

198. 带电作业用工具库房的门窗应封闭良好，库房门可采用防火门，观察窗距离地面（　　）之间为宜，应采用双层玻璃。

A. 1.0～1.2m　　B. 0.8～1.0m　　C. 0.8～1.2m　　D. 1.0～1.4m

答：A。

出处：DL/T 974—2005《带电作业用工具库房》4.3。

199. 绝缘斗臂车库的存放体积一般应为车体的（　　）倍，顶部应有 0.5～1.0m 的空间，车库门可采用具有保温、防火的专用车库门。

A. 1.2～1.5　　B. 1.5～1.8　　C. 1.5～2.0　　D. 2.0～2.5

答：C。

出处：DL/T 974—2005《带电作业用工具库房》4.8。

200. 硬质绝缘工具、软质绝缘工具、检测工具、屏蔽用具的存放区，温度宜控制在（　　）。

A. 5°～40°　　B. 10°～25°　　C. 10°～30°　　D. 15°～35°

答：A。

出处：DL/T 974—2005《带电作业用工具库房》5.2。

201. 绝缘绳索、软梯的存放设施可采用垂直吊挂的构架。绝缘绳索挂钩的间距为（　　）。

A. 15～25cm　　B. 20～25cm　　C. 30～40cm　　D. 50～60cm

答：B。

出处：DL/T 974—2005《带电作业用工具库房》7.3。

202. 如图 1－1 所示工具为（　　）。

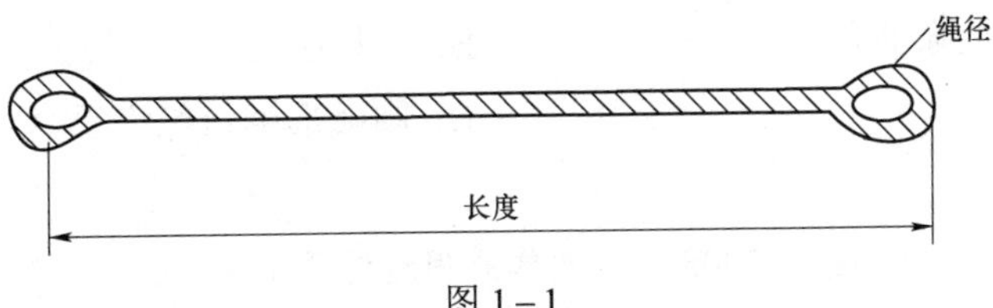

图 1－1

A. 导线绝缘保险绳　　B. 无极绝缘绳套

C. 两眼绝缘绳套　　D. 人身绝缘保险绳

答：C。

出处：DL 779—2001《带电作业用绝缘绳索类工具》，4.2.2。

203. 如图 1－2 所示是（　　）。

A. 复合绝缘手套　　B. 连指手套

C. 袖套　　D. 圆弧形袖口绝缘手套

答：B。

出处：GB/T 17622—2008《带电作业用绝缘手套》，5.1.2。

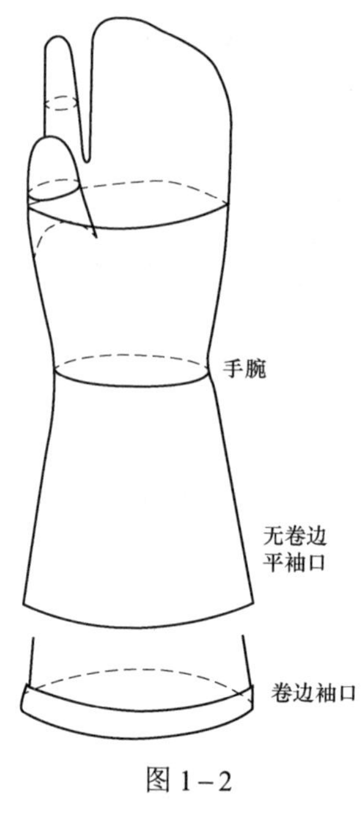

图 1－2

204. 如图 1－3 所示是（　　）。

A. 复合绝缘手套　　B. 连指手套

C. 袖套　　D. 圆弧形袖口绝缘手套

答：D。

出处：GB/T 17622—2008《带电作业用绝缘手套》，5.1.3。

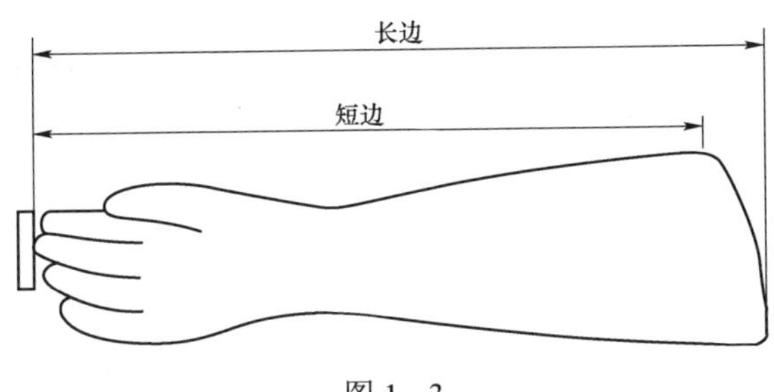

图 1－3

205. 如图 1－4 所示是绝缘手套的（　　）试验。

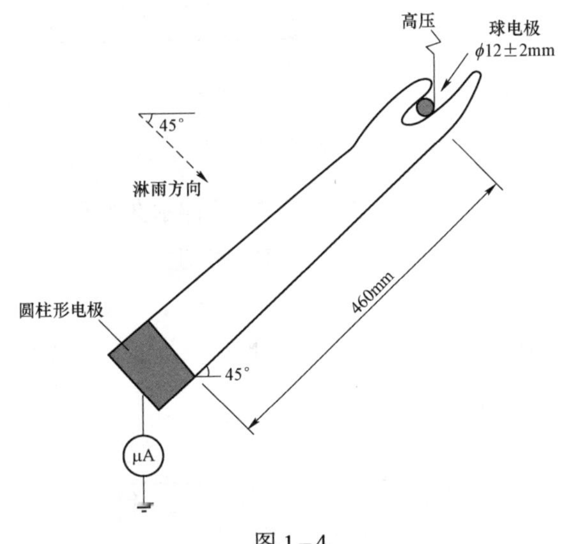

图 1－4

A. 直流　　　　B. 淋雨　　　　C. 热老化　　　　D. 耐燃

答：B。

出处：GB/T 17622—2008《带电作业用绝缘手套》，6.4.4。

206. 如图 1－5 所示是绝缘手套的（　　）试验。

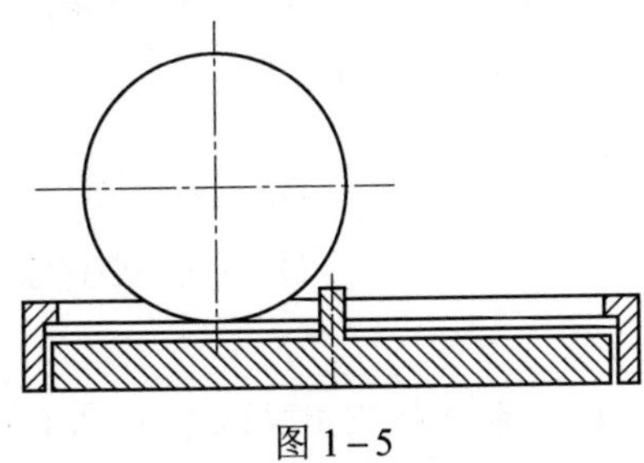

图 1－5

A. 耐磨 B. 拉伸永久变形 C. 抗穿刺 D. 耐切割

答：A。

出处：GB/T 17622—2008《带电作业用绝缘手套》，6.3.4。

207. 如图 1－6 所示是绝缘手套的（　　）试验。

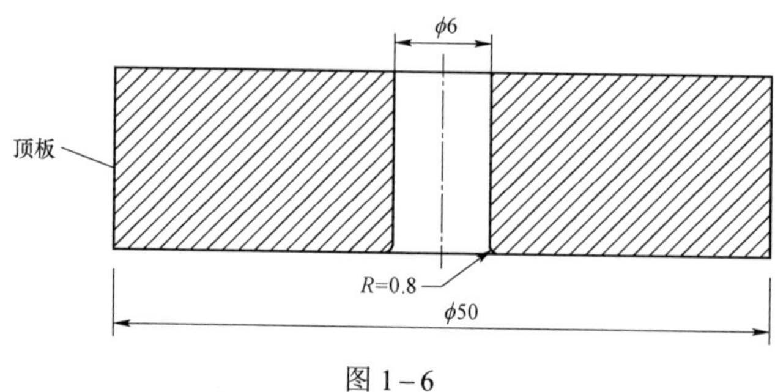

图 1－6

A. 耐磨 B. 拉伸永久变形

C. 抗机械穿刺 D. 耐切割

答：C。

出处：GB/T 17622—2008《带电作业用绝缘手套》，6.3.3。

208. 如图 1－7 所示是（　　）。

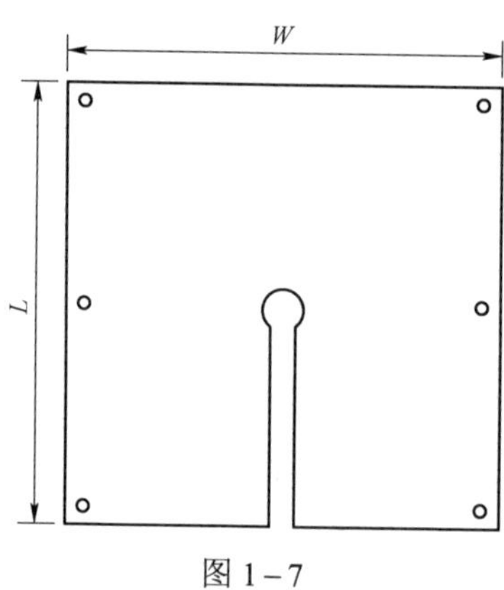

图 1－7

A. 开槽式绝缘毯 B. 开槽式绝缘垫

C. 平展式绝缘毯 D. 平展式绝缘垫

答：A。

出处：DL/T 803—2015《带电作业用绝缘毯》，6.1。

第二章 多项选择题

1. 斗臂车的每周外观检查包括（　　）。

A. 位于转折处的焊缝裂纹、锈蚀或变形

B. 液压油标高和通风过滤装置的状态

C. 检查液压缸的闭锁阀

D. 斗臂、支腿选择开关

答：ABCD。

出处：DL 854—2004《带电作业用绝缘斗臂车的保养维护及在使用中的试验》7.2.1。

2. 绝缘斗臂车吊臂的电气试验为工频耐压按绝缘长度每 60kV（有效值）或最大 100kV（有效值），加压 1min 不出现以下哪种情况为合格（　　）。

A. 最大泄漏电流不超过 1.0mA　　B. 未见火花放电闪络或击穿现象

C. 吊臂无过热（温差 10℃）　　D. 最大电阻值不小于 500MΩ

答：ABC。

出处：DL 854—2004《带电作业用绝缘斗臂车的保养维护及在使用中的试验》8.1.5。

3. 机械性能试验，用以制造绝缘工具的绝缘管、棒材应具有一定的机械抗弯、抗扭特性，以及（　　）。

A. 耐径向挤压　　B. 耐轴向挤压

C. 耐横向挤压　　D. 耐机械老化性能

答：ABD。

出处：GB 13398—2008《带电作业用空心绝缘管、泡沫填充绝缘管和实心绝缘棒》4.4。

4. 绝缘耐受性能试验，在 100kV 工频电压下（　　）。

A. 无滑闪　　B. 无火花

C. 无击穿　　D. 无表面可见漏电腐蚀痕迹

E. 无可察觉的温升

答：ABCDE。

出处：GB 13398—2008《带电作业用空心绝缘管、泡沫填充绝缘管和实心绝缘棒》4.3.3。

5. 绝缘防护用具的定义：由绝缘材料制成，在带电作业时对人体进行安全防护的用具。绝缘防护用具包含（　　）绝缘服、绝缘裤、绝缘手套、绝缘鞋（靴）等。

A. 绝缘安全帽　B. 绝缘袖套　C. 绝缘披肩　D. 绝缘毯

答：ABC。

出处：GB/T 18857—2019《配电线路带电作业技术导则》3.1。

6. 绝缘遮蔽用具的定义：由绝缘材料制成，用来（　　）带电体和邻近的接地部件的硬质和软质用具。

A. 遮蔽　B. 遮挡　C. 隔离　D. 屏蔽

答：AC。

出处：GB/T 18857—2019《配电线路带电作业技术导则》3.2。

7. 绝缘操作工具的定义：用绝缘材料制成的操作工具，包括以绝缘（　　）为主绝缘材料，端部装配金属工具的硬质绝缘工具和以绝缘绳为主绝缘材料制成的软质绝缘工具。

A. 管　B. 棒　C. 板　D. 球

答：ABC

出处：GB/T 18857—2019《配电线路带电作业技术导则》3.3。

8. 绝缘承载工具的定义：承载作业人员进入带电作业位置的固定或移动式绝缘承载工具，包括（　　）等。

A. 绝缘斗臂车　B. 绝缘软梯　C. 绝缘梯　D. 绝缘平台

答：ACD。

出处：GB/T 18857—2019《配电线路带电作业技术导则》3.4。

9. 根据 GB/T 18857—2019《配电线路带电作业技术导则》，配电线路带电作业人员要求包括（　　）。

A. 身体健康，无妨碍作业的生理和心理障碍

B. 具有电工原理和电力线路的基本知识，掌握配电带电作业的基本原理和

操作方法，熟悉作业工器具的适用范围和使用方法

C. 应会紧急救护法，特别是人工呼吸

D. 通过专门培训且考试合格取得资格，经批准后，方可参加相应的作业

答：ABD。

出处：GB/T 18857—2019《配电线路带电作业技术导则》4.1.1。

10. 工作负责人（或专责监护人）应具有带电作业资格和实践工作经验，熟悉设备状况，具有一定（　　），通过专门培训且考试合格取得资格，经单位批准后，方可负责现场的监护。

A. 沟通能力　　B. 协调能力　　C. 组织能力　　D. 事故处理能力

答：CD。

出处：GB/T 18857—2019《配电线路带电作业技术导则》4.1.2。

11. 作业应在良好的天气下进行，作业前应进行风速和湿度测量。风力大于 10m/s 或者湿度大于 80%时，不宜作业。如遇（　　）时不应作业。

A. 雷　　B. 雨　　C. 雪　　D. 雾

答：ABCD。

出处：GB/T 18857—2019《配电线路带电作业技术导则》4.3.1。

12. 配电线路带电作业人员应具有（　　）知识，掌握配电带电作业的基本原理和操作方法，熟悉作业工器具的适用范围和使用方法。

A. 电工原理　　B. 紧急救护法

C. 电力线路的基本知识　　D. 触电解救法

答：AC。

出处：GB/T 18857—2019《配电线路带电作业技术导则》4.1.1。

13. 开展作业前，应勘察配电线路是否符合作业条件、同杆（塔）架设线路及其方位和电气间距、作业现场条件和环境及其他影响作业的危险点，并根据勘察结果确定（　　）。

A. 作业人员　　B. 作业方法　　C. 所需工具　　D. 应采取的措施

答：BCD。

出处：GB/T 18857—2019《配电线路带电作业技术导则》4.4.1。

14. GB/T 18857—2019《配电线路带电作业技术导则》中规定，对于复杂、难度大的新项目和研制的新工具，应进行试验论证，确认安全可靠，制订

（　　），并经本单位批准后方可使用。

A. 作业人员守则　　B. 操作工艺方案

C. 产品保管手册　　D. 安全技术措施

答：BD。

出处：GB/T 18857—2019《配电线路带电作业技术导则》4.4.2。

15. GB/T 18857—2019《配电线路带电作业技术导则》中规定，工作负责人在工作开始前，应与值班调控人员或运维人员联系。（　　）应由值班调控人员履行许可手续。

A. 采用绝缘手套作业法的工作　　B. 需要停用重合闸的作业

C. 带电断、接引线工作　　D. 带电修补导线工作

答：BC。

出处：GB/T 18857—2019《配电线路带电作业技术导则》4.4.3。

16. GB/T 18857—2019《配电线路带电作业技术导则》中规定，在配电线路带电作业中，严禁作业人员穿戴（　　），采用等电位作业方式。

A. 屏蔽服装　　B. 绝缘服装　　C. 导电手套　　D. 绝缘手套

答：AC。

出处：GB/T 18857—2019《配电线路带电作业技术导则》6.2.4。

17. 绝缘斗臂车在使用前应检查其表面状况，若绝缘臂、斗表面存在明显脏污，可采用（　　）擦拭。

A. 清洁毛巾　　B. 纸巾　　C. 湿巾　　D. 棉纱

答：AD。

出处：GB/T 18857—2019《配电线路带电作业技术导则》9.3。

18. 绝缘斗臂车在使用前应空斗试操作 1 次，确认（　　）系统工作正常，操作灵活，制动装置可靠。

A. 液压传动　　B. 回转　　C. 升降　　D. 伸缩

答：ABCD。

出处：GB/T 18857—2019《配电线路带电作业技术导则》9.3。

19. 作业人员进入工作斗后应系好安全带，注意周边（　　），选定合适的绝缘斗升降回转路径，平稳地操作。

A. 飞禽　　B. 电信线路　　C. 高低压线路　　D. 其他障碍物

答：BCD。

出处：GB/T 18857—2019《配电线路带电作业技术导则》9.10。

20. 静负荷试验是为了考核带电作业工具、装置和设备承受机械荷载（　　）的能力所进行的试验。

A. 拉力　　B. 扭力　　C. 压力　　D. 弯曲力

答：ABCD。

出处：DL/T 976—2017《带电作业用工具、装置和设备预防性试验规程》3.5。

21. 静负荷试验是为了考核带电作业（　　）承受机械荷载（拉力、扭力、压力、弯曲力）的能力所进行的试验。

A. 材料　　B. 工具　　C. 装置　　D. 设备

答：BCD。

出处：DL/T 976—2017《带电作业用工具、装置和设备预防性试验规程》3.5。

22. 绝缘杆的电气试验周期为 12 个月，试验项目为（　　）。

A. 交流耐压试验　　B. 直流耐压试验

C. 操作冲击耐压试验　　D. 工频耐压试验

答：ABC。

出处：DL/T 976—2017《带电作业用工具、装置和设备预防性试验规程》5.1.2.1。

23. 绝缘杆的机械试验周期为 12 个月，试验项目为（　　）。

A. 抗弯静负荷试验　　B. 抗弯动负荷试验

C. 抗扭静负荷试验　　D. 抗扭动负荷试验

答：AB。

出处：DL/T 976—2017《带电作业用工具、装置和设备预防性试验规程》5.1.3.1。

24. 绝缘支杆、拉杆、吊杆外观检查要求：试品应光滑洁净，（　　），杆段间连接牢固。

A. 无气泡　　B. 无毛刺　　C. 无皱纹　　D. 无开裂

答：ACD。

出处：DL/T 976—2017《带电作业用工具、装置和设备预防性试验规程》5.2.1。

25. 绝缘硬梯机械试验的项目为（　　）。

A. 水平强度试验　　B. 横档强度试验

C. 连接装置强度试验　　D. 抗压试验

答：ABCD。

出处：DL/T 976—2017《带电作业用工具、装置和设备预防性试验规程》5.4.3.1。

26. 绝缘紧线器外观及尺寸检查要求包括：（　　）。

A. 试品的绝缘部分应平伏，无断股、开裂等现象

B. 齿轮转动灵活，无卡阻和碰擦轮缘现象

C. 杆段间连接牢固

D. 吊钩、夹头应转动灵活

答：ABD。

出处：DL/T 976—2017《带电作业用工具、装置和设备预防性试验规程》5.10.1。

27. 绝缘鞋（靴）的电气试验项目（　　）。

A. 交流耐压试验　　B. 直流耐压试验

C. 击穿电压试验　　D. 泄漏电流试验

答：AD。

出处：DL/T 976—2017《带电作业用工具、装置和设备预防性试验规程》7.4.2.1。

28. 核相仪的电气试验项目（　　）。

A. 交流耐压及操作冲击耐压试验　　B. 连接引线及地线绝缘强度试验

C. 防止短接试验　　D. 明显指示试验和自检试验

答：ABCD。

出处：DL/T 976—2017《带电作业用工具、装置和设备预防性试验规程》8.1.2.1。

29. 验电器的电气及功能性试验项目为（　　）。

A. 交流耐压及操作冲击耐压试验　　B. 启动电压试验

C. 工频耐压试验　　　　D. 自检试验

答：ABD。

出处：DL/T 976—2017《带电作业用工具、装置和设备预防性试验规程》8.2.2.1。

30. 绝缘手套应具有（　　）。

A. 良好的电气性能　　　　B. 较高的机械性能

C. 柔软良好的服用性能　　　　D. 较强的抗污性能

答：ABC。

出处：DL/T 976—2017《带电作业用工具、装置和设备预防性试验规程》7.1.1。

31. 绝缘手套外观检查，内外表面均应完好无损，无（　　）。

A. 划痕　　B. 裂缝　　C. 折缝　　D. 孔洞

答：ABCD。

出处：DL/T 976—2017《带电作业用工具、装置和设备预防性试验规程》7.1.1。

32. 操作冲击耐压试验是对绝缘施加（　　）的操作冲击电压试验。

A. 一定次数　　B. 规定次数　　C. 额定值　　D. 规定值

答：BD。

出处：DL/T 976—2017《带电作业用工具、装置和设备预防性试验规程》3.4。

33. 对绝缘斗臂车进行交流耐压及泄漏电流试验时，应分别对（　　）进行试验。

A. 绝缘臂　　B. 绝缘斗　　C. 绝缘吊臂　　D. 整车

答：ABCD。

出处：DL/T 976—2017《带电作业用工具、装置和设备预防性试验规程》9.1.2.2。

34. 绝缘软梯的机械试验项目为（　　）。

A. 抗拉性能试验　　　　B. 软梯头静负荷试验

C. 软梯头动负荷试验　　　　D. 横蹬冲击试验

答：ABC。

出处：DL/T 976—2017《带电作业用工具、装置和设备预防性试验规程》5.6.3.1。

35. 绝缘遮蔽罩的外观检查，上下表面均不应存在有害的缺陷，如（　　）。

A. 局部隆起　　B. 空隙　　C. 折缝　　D. 凹凸波纹

答：ABCD。

出处：DL/T 976—2017《带电作业用工具、装置和设备预防性试验规程》7.8.1。

36. 对绝缘服（披肩）的电气试验以无（　　）为合格。

A. 电晕发生　　B. 闪络　　C. 击穿　　D. 过热

答：ABCD。

出处：DL/T 976—2017《带电作业用工具、装置和设备预防性试验规程》7.3.2.2。

37. 绝缘滑车的交流耐压试验以（　　）为合格。

A. 无闪络　　B. 无击穿　　C. 无过热　　D. 无电晕发生

答：BC。

出处：DL/T 976—2017《带电作业用工具、装置和设备预防性试验规程》5.7.2.2。

38. 个人电弧防护用品是指用于保护可能暴露于电弧和相关高温危害中人员的个人防护用品。个人电弧防护用品包括（　　）。

A. 电弧防护服　　B. 电弧防护头罩

C. 电弧防护手套　　D. 电弧防护鞋罩

答：ABCD。

出处：DL/T 320—2010《个人电弧防护用品通用技术要求》3.2。

39. 电弧防护服是用于保护可能暴露于电弧和相关高温危害中人员（　　）的防护服。

A. 头部　　B. 躯干　　C. 手臂部　　D. 腿部

答：BCD。

出处：DL/T 320—2010《个人电弧防护用品通用技术要求》3.3。

40. 需要根据工作岗位可能存在的电弧危害大小选择个人电弧防护用品。个人电弧防护用品以（　　）表征的防电弧能力应当高于工作岗位的电弧危害。

A. 材料的电弧热防护性能值（material arc thermal performance value）

B. Ebt 电弧值

C. 电弧能量

D. 棱镜度

答：AB。

出处：DL/T 320—2010《个人电弧防护用品通用技术要求》4.3。

41. 面料阻燃性能的耐久性能试验中，单层或多层面料中的每一层分别按DL/T 320—2010《个人电弧防护用品通用技术要求》6.3 规定的洗涤方法洗涤100 次，并按 DL/T 320—2010《个人电弧防护用品通用技术要求》6.2 要求进行试验，测试过程中面料不出现（　　）。

A. 熔融现象　　B. 融滴现象

C. 炭长不大于 150mm　　D. 续燃时间不大于 2s

答：ABCD。

出处：DL/T 320—2010《个人电弧防护用品通用技术要求》5.2.3.2。

42. 使用前应检查防护服是否有损坏、沾污的情况。检查应包括（　　），确保其处于适用状态。

A. 各层面料及里料　　B. 拉链、门襟

C. 缝线、扣子　　D. 附件

答：ABCD。

出处：DL/T 320—2010《个人电弧防护用品通用技术要求》8.1.5。

43. 个人电弧防护用品应在（　　）的条件下单独存放，避免阳光直射。

A. 清洁　　B. 干燥　　C. 无油污　　D. 通风

答：ABCD。

出处：DL/T 320—2010《个人电弧防护用品通用技术要求》8.1.7。

44. 个人电弧防护用品的使用说明至少应包括正确的（　　）的方法。

A. 使用　　B. 维护　　C. 保养　　D. 检验

答：ABC。

出处：DL/T 320—2010《个人电弧防护用品通用技术要求》10.2。

45. 个人电弧防护用品产品在运输中应保持清洁，不得（　　）。

A. 损坏包装　　B. 受压、受热

C. 受潮　　D. 阳光直射

答：ABCD。

出处：DL/T 320—2010《个人电弧防护用品通用技术要求》10.4。

46. 电力线路指在系统两点间用于输配电的（　　）组成的设施。

A. 避雷器　　B. 导线　　C. 绝缘材料　　D. 附件

答：BCD。

出处：GB 26859—2011《电力安全工作规程 电力线路部分》3.5。

47. 双重称号指（　　）。

A. 杆塔名称　　B. 线路名称　　C. 位置称号　　D. 方位称号

答：BC。

出处：GB 26859—2011《电力安全工作规程 电力线路部分》3.11。

48. 配电设备指用于向一个用电区供电的（　　）、控制和计量等设备的统称。

A. 变压器　　B. 绝缘子　　C. 线路　　D. 高低压开关

答：ACD。

出处：GB 26859—2011《电力安全工作规程 电力线路部分》3.12。

49. 运用中的电气设备是指（　　）的电气设备。

A. 全部带有电压　　B. 一部分带有电压

C. 一经操作即带有电压　　D. 已经安装完毕

答：ABC。

出处：GB 26859—2011《电力安全工作规程 电力线路部分》3.6。

50. 从事线路工作的工作人员应具备必要的（　　）。

A. 电气知识　　B. 业务技能

C. 熟悉电气设备及其系统　　D. 电子知识

答：ABC。

出处：GB 26859—2011《电力安全工作规程 电力线路部分》4.1.3。

51. 在电力线路及配电设备上工作应有保证安全的制度措施，可包含（　　）等工作程序。

A. 工作申请　　B. 工作布置

C. 现场勘察　　D. 书面安全要求

E. 工作许可　　　　F. 工作监护

G. 工作间断和终结

答：ABCDEFG。

出处：GB 26859—2011《电力安全工作规程 电力线路部分》4.3.1。

52. 根据现场勘察结果，对危险性、复杂性和困难程度较大的作业项目，应制订（　　）。

A. 作业措施　　B. 组织措施　　C. 技术措施　　D. 安全措施

答：BCD。

出处：GB 26859—2011《电力安全工作规程 电力线路部分》5.2.3。

53. 工作票签发人的职责（　　）。

A. 确认工作必要性和安全性

B. 确认工作票上所填安全措施正确、完备

C. 确认工作票所列安全措施正确、完备，符合现场实际条件

D. 确认所派工作负责人和工作班人员适当、充足

答：ABD。

出处：GB 26859—2011《电力安全工作规程 电力线路部分》5.5.1。

54. 工作负责人（监护人）的职责（　　）。

A. 正确、安全地组织工作

B. 确认工作票上所填安全措施正确、完备

C. 工作前向工作班全体成员告知危险点，督促、监护工作班成员执行现场安全措施和技术措施

D. 确认工作票所列安全措施正确、完备，符合现场实际条件，必要时予以补充

答：ACD。

出处：GB 26859—2011《电力安全工作规程 电力线路部分》5.5.2。

55. 工作许可人的职责（　　）。

A. 确认工作票所列安全措施正确完备，符合现场条件

B. 确认线路停、送电和许可工作的命令正确

C. 确认工作票上所填安全措施正确完备

D. 确认许可的接地等安全措施正确完备

答：ABD。

出处：GB 26859—2011《电力安全工作规程 电力线路部分》5.5.3。

56. 专责监护人的职责（　　）。

A. 明确被监护人员和监护范围

B. 工作前对被监护人员交代安全措施，告知危险点和安全注意事项

C. 监督被监护人员执行本标准和现场安全措施，及时纠正不安全行为

D. 遵守安全规章制度、技术规程和劳动纪律，执行安全规程和实施现场安全措施

答：ABC。

出处：GB 26859—2011《电力安全工作规程 电力线路部分》5.5.4。

57. 工作班成员的职责（　　）。

A. 熟悉工作内容、工作流程，掌握安全措施，明确工作中的危险点，并履行确认手续

B. 遵守安全规章制度、技术规程和劳动纪律，执行安全规程和实施现场安全措施

C. 正确使用安全工器具和劳动防护用品

D. 监督被监护人员执行本标准和现场安全措施，及时纠正不安全行为

答：ABC。

出处：GB 26859—2011《电力安全工作规程 电力线路部分》5.5.5。

58. 许可工作可采用下列命令方式（　　）。

A. 口头通知　　B. 电话下达　　C. 当面下达　　D. 派人送达

答：ABCD。

出处：GB 26859—2011《电力安全工作规程 电力线路部分》5.6.4。

59. 带电作业有下列情况之一者，应停用重合闸或直流再启动装置，并不应强送电：（　　）。

A. 中性点有效接地系统中可能引起单相接地的作业

B. 中性点非有效接地系统中可能引起相间短路的作业

C. 直流线路中可能引起单极接地或极间短路的作业

D. 不应约时停用或恢复重合闸及直流在启动装置

答：ABCD。

出处：GB 26859—2011《电力安全工作规程 电力线路部分》11.1.5。

60.《电力安全工作规程 电力线路部分》规定，不应使用（　　）的带电作业工具。

A. 损坏　　B. 受潮　　C. 变形　　D. 失灵

答：ABCD。

出处：GB 26859—2011《电力安全工作规程 电力线路部分》11.3.2。

61. 带电绝缘工具在运输过程中，应装在专用（　　）内。

A. 工具袋　　B. 工具箱　　C. 工具架　　D. 专用工具车

答：ABD。

出处：GB 26859—2011《电力安全工作规程 电力线路部分》11.3.3。

62. 高空作业平台是用来运送人员、工具和材料到指定位置进行工作的设备。包括（　　）。

A. 承力机构　　B. 带控制器的工作平台

C. 伸展结构　　D. 底盘

答：BCD。

出处：GB/T 9465—2008《高空作业车》3.2。

63. 高空作业车按伸展的类型可分为（　　）。

A. 伸缩臂式　　B. 折叠臂式　　C. 混合式　　D. 垂直升降式

答：ABCD。

出处：GB/T 9465—2008《高空作业车》4.1。

64. 高空作业车的工作平台应醒目地注明作业车（　　）。

A. 额定载荷　　B. 最大载荷　　C. 额定速度　　D. 承载人数

答：AD。

出处：GB/T 9465—2008《高空作业车》5.5.5。

65. 高空作业车的各机构应保证平台起升、下降时动作平稳、准确，无（　　）及驱动功率异常增大等现象。

A. 爬行　　B. 震颤　　C. 倾斜　　D. 冲击

答：ABD。

出处：GB/T 9465—2008《高空作业车》5.7.1。

66. 工作平台指在空中承载（　　）的装置。例如斗、篮、筐或其他类似的装置。

A. 工作人员　　　　　　　　　　B. 绝缘子、横担等

C. 设备　　　　　　　　　　　　D. 使用器材

答：AD。

出处：GB/T 9465—2008《高空作业车》3.3。

67. 高空作业车的工作条件（　　）。

A. 地面应坚实平整，作业过程中地面不应下陷

B. 环境温度为－25～40℃

C. 风速不超过 10m/s

D. 环境温度为－30～40℃

E. 风速不超过 12.5m/s

F. 海拔高度不超过 1000m

G. 环境相对湿度不大于 90%（25℃）

答：ABEFG。

出处：GB/T 9465—2008《高空作业车》5.1.8。

68. 电力安全工器具预防性试验规程规定了定期预防性试验的（　　）。

A. 项目　　　B. 周期　　　C. 要求　　　D. 试验方法

答：ABCD。

出处：DL/T 1476—2015《电力安全工器具预防性试验规程》1.1。

69. 电力安全工器具的作用是防止电力作业人员（　　）等伤害及职业危害的材料、器械或装置。

A. 发生触电　　　B. 机械伤害　　　C. 蚊虫伤害　　　D. 高处坠落

答：ABD。

出处：DL/T 1476—2015《电力安全工器具预防性试验规程》3.1。

70. 电力安全工器具可分为（　　）。

A. 个体防护装备　　　　　　　　B. 绝缘安全工器具

C. 登高工器具　　　　　　　　　D. 警示标识

答：ABCD。

出处：DL/T 1476—2015《电力安全工器具预防性试验规程》4。

71. 辅助绝缘安全工器具用来防止（　　）对作业人员造成伤害的安全工

器具。

A. 接触电压　　B. 跨步电压

C. 额定电压　　D. 泄漏电流及电弧

答：ABD

出处：DL/T 1476—2015《电力安全工器具预防性试验规程》4.b。

72. 安全围栏（网）包括用各种材料做成的（　　）。

A. 安全围栏　　B. 安全挡板　　C. 安全围网　　D. 红布幔

答：ACD。

出处：DL/T 1476—2015《电力安全工器具预防性试验规程》4.d。

73. 电力安全工器具预防性试验流程含（　　）。

A. 外观检查　　B. 检测记录　　C. 数据记录　　D. 出具报告

答：ABCD。

出处：DL/T 1476—2015《电力安全工器具预防性试验规程》5.3。

74. 绝缘杆的接头连接应紧密牢固，（　　）等现象。

A. 无断裂　　B. 无划痕　　C. 无松动　　D. 无锈蚀

答：ACD。

出处：DL/T 1476—2015《电力安全工器具预防性试验规程》6.2.1.1。

75. 绝缘杆进行耐压试验时，各绝缘杆不应发生闪络或击穿，试验后绝缘杆应（　　）现象。

A. 无放电　　B. 无灼伤痕迹　　C. 无裂纹　　D. 无明显发热

答：ABD。

出处：DL/T 1476—2015《电力安全工器具预防性试验规程》6.2.1.2。

76. 警示标识安全围栏和标识牌，标识牌包括各种（　　）。

A. 安全标示牌　　B. 设备标识牌

C. 锥形交通标　　D. 警示带

答：ABCD。

出处：DL/T 1476—2015《电力安全工器具预防性试验规程》4.d。

77. 安全带做外观检查时，（　　）等标识应清晰完整；各部件应完整无缺失、无伤残破损。

A. 试验证　　B. 商标　　C. 合格证　　D. 检验证

答：BCD。

出处：DL/T 1476—2015《电力安全工器具预防性试验规程》6.1.2.1。

78. 人体电阻指人体上最远两点之间的电阻，包括（　　）。

A. 身体电阻　　B. 皮肤电阻　　C. 躯体电阻　　D. 皮表电阻

答：BC。

出处：GB/T 14286—2008《带电作业工具设备术语》2.1.1.18。

79. 通常泄漏电流可分为（　　）。

A. 内部泄漏电流　　B. 体积泄漏电流

C. 表皮泄漏电流　　D. 表面泄漏电流

答：BD。

出处：GB/T 14286—2008《带电作业工具设备术语》2.1.1.24。

80. 绝缘工具构件包括（　　）。

A. 绝缘组件　　B. 端头配件　　C. 泡沫　　D. 棒

答：BCD。

出处：GB/T 14286—2008《带电作业工具设备术语》2.1.4。

81. 下列属于攀登器具的是（　　）。

A. 绝缘梯　　B. 拼接梯　　C. 伸缩梯　　D. 挂梯

答：ABCD。

出处：GB/T 14286—2008《带电作业工具设备术语》2.8.1。

82. 下列属于操作杆的是（　　）。

A. 可调拉杆　　B. 扎线杆　　C. 提线杆　　D. 绝缘加油杆

答：ABC。

出处：GB/T 14286—2008《带电作业工具设备术语》2.2.1。

83. 带电作业工具是经过特殊（　　）的用于带电作业的工具、设备或器械。

A. 设计　　B. 制造　　C. 试验　　D. 维护

答：ABCD。

出处：GB/T 14286—2008《带电作业工具设备术语》2.1.2。

84. 绝缘材料应根据使用中可能经受的（　　）进行选择，绝缘材料应有足够的电气绝缘强度、足够的抗老化能力和良好的阻燃性能。

A. 电压　　B. 电流

C. 机械和热应力　　D. 温度

答：ABC。

出处：GB/T 18269—2008《交流 1kV、直流 1.5kV 及以下电压等级带电作业用绝缘手工工具》4.1.5。

85. 绝缘材料应根据使用中可能经受的电压、电流、机械和热应力、进行选择，绝缘材料应有足够的（　　）。

A. 电气绝缘强度　　B. 足够的抗老化能力

C. 足够的机械强度　　D. 良好的阻燃性能

答：ABD。

出处：GB/T 18269—2008《交流 1kV、直流 1.5kV 及以下电压等级带电作业用绝缘手工工具》4.1.5。

86. 绝缘材料或绝缘层做机械冲击试验，至少选取分布在不同位置的 3 个试验点，测试点应在实际工况中可能会出现冲击损坏的部位选取。如果绝缘材料没有（　　）等现象发生，则试验通过。

A. 破碎　　B. 脱落

C. 贯穿绝缘层的开裂　　D. 绝缘手工工具无松动

答：ABCD。

出处：GB/T 18269—2008《交流 1kV、直流 1.5kV 及以下电压等级带电作业用绝缘手工工具》5.3。

87. 包覆绝缘工具在电气试验中没有发生（　　），则试验通过。

A. 击穿　　B. 放电

C. 闪络　　D. 且泄漏电流也没超出允许值

答：ABCD。

出处：GB/T 18269—2008《交流 1kV、直流 1.5kV 及以下电压等级带电作业用绝缘手工工具》5.4.2。

88. 绝缘手工工具的运输应采用木质包装箱或硬纸壳箱，并注明（　　）等标志。

A. “切勿淋雨”　　B. “严禁烟火”

C. “切勿受潮”　　D. “避免重压”

答：ACD。

出处：GB/T 18269—2008《交流 1kV、直流 1.5kV 及以下电压等级带电作业用绝缘手工工具》7.3。

89. 复合绝缘手套通常由（　　）制成。

A. 布料　　B. 橡胶　　C. 树脂　　D. 塑料

答：BD。

出处：GB/T 17622—2008《带电作业用绝缘手套》5.1.1。

90. 绝缘手套的一般试验包括（　　）。

A. 型式试验　　B. 抽样试验

C. 预防性试验　　D. 验收试验

答：ABCD。

出处：GB/T 17622—2008《带电作业用绝缘手套》6.1。

91. 经过（　　）的绝缘手套试品不得再使用。

A. 预防性试验　　B. 型式试验

C. 抽样试验　　D. 验收试验

答：BC。

出处：GB/T 17622—2008《带电作业用绝缘手套》6.1。

92. 绝缘手套的电气试验包括（　　）。

A. 交流验证电压试验　　B. 交流耐受电压试验

C. 泄漏电流试验　　D. 复合绝缘手套淋雨试验

答：ABCD。

出处：GB/T 17622—2008《带电作业用绝缘手套》6.4.2。

93. 每只符合 GB/T 17622—2008《带电作业用绝缘手套》的规程要求的手套都应有以下标记（　　）。

A. 带电作业标志符号（双三角形）B. 可适用的种类

C. 尺寸　　D. 电压等级

E. 制造年月

答：ABCDE。

出处：GB/T 17622—2008《带电作业用绝缘手套》8.1。

94. 不要将手套不必要地暴露于热、光之中，也不要与（　　）接触。

A. 油　B. 油脂　C. 松脂　D. 弱酸

答：ABCD。

出处：GB/T 17622—2008《带电作业用绝缘手套》8.3。

95. 下列属于绝缘防护用具的是（　）。

A. 绝缘手套　B. 绝缘袖套　C. 防静电服　D. 绝缘鞋

答：ABD。

出处：GB/T 18037—2008《带电作业工具基本技术要求与设计导则》3.1.4。

96. 防护用具是带电作业人员使用的安全防护用具的总称，包括（　）。

A. 绝缘遮蔽用具　B. 消弧工具

C. 绝缘防护用具　D. 电场屏蔽用具

答：ACD。

出处：GB/T 18037—2008《带电作业工具基本技术要求与设计导则》3.1.9。

97. GB/T 18037—2008《带电作业工具基本技术要求与设计导则》中，斗臂车的液压动力装置应具备回转、伸缩、变幅等两种以上同时工作的操作性能，各种操作具有良好的（　）。

A. 微调性　B. 平衡性　C. 稳定性　D. 快速性

答：AC。

出处：GB/T 18037—2008《带电作业工具基本技术要求与设计导则》4.4.2。

98. GB/T 18037—2008《带电作业工具基本技术要求与设计导则》中，全国通用的带电作业工具，按三个气象区中最苛刻的气象条件设计，分别为：气象区域Ⅰ、Ⅱ、Ⅲ。气象区域Ⅰ、Ⅱ、Ⅲ分别为（　）。

A. －25℃　10m/s　B. －15℃　10m/s

C. －10℃　10m/s　D. －5℃　10m/s

答：ABD。

出处：GB/T 18037—2008《带电作业工具基本技术要求与设计导则》5.1。

99. GB/T 18037—2008《带电作业工具基本技术要求与设计导则》中，人体感知电流水平和感知工频电场水平为（　）。

A. 稳态交流电 1mA　B. 稳态直流电 5mA

C. 电场 2.4kV/cm　D. 电场 2.4V/cm

答：ABC。

出处：GB/T 18037—2008《带电作业工具基本技术要求与设计导则》6.1.2。

100. 带电作业用绝缘袖套按外形分为（　　）。

A. 弯筒式袖套　　B. 直筒式袖套

C. 曲肘式袖套　　D. 直伸式袖套

答：BC。

出处：DL/T 778—2014《带电作业用绝缘袖套》4.3。

101. 带电作业用绝缘袖套内、外表面不应存在有害的不规则性，有害的不规则性是指下列哪项特征（　　）。

A. 局部隆起

B. 小孔

C. 空隙

D. 凹陷的直径小于 1.6mm 边缘光滑的缺陷

答：ABC。

出处：DL/T 778—2014《带电作业用绝缘袖套》5.3.2。

102. 带电作业用绝缘袖套在储存中不得与（　　）等其他有害物质接触。

A. 油　　B. 酸　　C. 水　　D. 碱

答：ABD。

出处：DL/T 778—2014《带电作业用绝缘袖套》9.3。

103. 带电作业用绝缘垫的标志检查包括（　　）。

A. 擦拭检查　　B. 目视检查

C. 水浸试验　　D. 持久性试验

答：AD。

出处：DL/T 853—2015《带电作业用绝缘垫》7.2.5。

104. 发生下列（　　）情况时，应对绝缘垫进行型式试验。

A. 新产品投产前的定型试验

B. 在使用过程中用户对产品质量提出质疑时

C. 产品的结构、材料或制造工艺有较大的改变，影响到产品的主要性能时

D. 原型式试验已经超过 5 年时间

答：ACD。

出处：DL/T 853—2015《带电作业用绝缘垫》8.1。

105. 带电作业用绝缘垫应贮存在专用箱内，避免（　　）。

A. 阳光直射　　B. 雨雪浸淋

C. 防止挤压　　D. 尖锐物体碰撞

答：ABCD。

出处：DL/T 853—2015《带电作业用绝缘垫》9.2。

106. 带电作业用导线软质遮蔽罩的试验包括（　　）。

A. 型式试验　　B. 抽样试验　　C. 例行试验　　D. 电气试验

答：ABC。

出处：DL/T 880—2004《带电作业用导线软质遮蔽罩》7.1。

107. 带电作业用绝缘绳索的分类正确的为（　　）。

A. 根据材料，带电作业用绝缘绳索分为天然纤维绝缘绳索和合成纤维绝缘绳索

B. 根据在潮湿状态下的电气性能，带电作业用绝缘绳索分为常规型绝缘绳索和防潮型绝缘绳索

C. 根据在潮湿状态下的电气性能，带电作业用绝缘绳索分为一般型绝缘绳索和防潮型绝缘绳索

D. 根据机械强度，带电作业用绝缘绳索分为常规强度绝缘绳索和高强度绝缘绳索

E. 根据机械强度，带电作业用绝缘绳索分为一般强度绝缘绳索和高强度绝缘绳索

F. 根据编制工艺，带电作业用绝缘绳索分为编制绝缘绳索，绞制绝缘绳索和套织绝缘绳索

答：ABDF。

出处：GB/T 13035—2008《带电作业用绝缘绳索》5.1。

108. 带电作业用绝缘绳索表面质量检查应符合（　　）。

A. 每股绝缘绳索及每股线均应紧密绞合，不得有松散分股的现象

B. 绳索各股中丝线均不应有叠痕、凸起、压伤、背股、抽筋等缺陷

C. 接头应单根丝线连接，不允许有股接头。单丝接头应封闭在绳股内部，不得露在外面

D. 股绳和股线的捻距及纬线在其全长上应该均匀

E. 彩色绝缘绳索应均匀一致。

F. 经防潮处理后的绝缘绳索表面应无油渍、污迹、脱皮等

答：ABCDEF。

出处：GB/T 13035—2008《带电作业用绝缘绳索》7.2。

109. 带电作业用防潮型绝缘绳索适用于（　　）的各种气候条件下作业。

A. 无风　　B. 无雨雪

C. 无持续浓雾　　D. 常温

答：BC。

出处：GB/T 13035—2008《带电作业用绝缘绳索》E.4。

110. 带电作业用绝缘硬梯根据其受力特点和作业时的使用方式可分为（　　）等类型。

A. 桥梯　　B. 竖梯　　C. 平梯　　D. 挂梯

答：BCD。

出处：GB/T 17620—2008《带电作业用绝缘硬梯》4。

111. 带电作业用绝缘硬梯根据其结构可分为（　　）等类型。

A. 人字梯　　B. 桥形梯　　C. 蜈蚣梯　　D. 升降梯

答：ACD。

出处：GB/T 17620—2008《带电作业用绝缘硬梯》4。

112. 橡胶类材料经过微弱压力反复变形后能够快速恢复其初始尺寸和形状的高分子材料，包括天然橡胶、人造橡胶、（　　）。

A. 冷可塑性橡胶　　B. 热可塑性橡胶

C. 乳胶　　D. 橡胶聚合物

答：BCD。

出处：DL/T 803—2015《带电作业用绝缘毯》3.1。

113. 由绝缘材料制成的带电作业用绝缘鞋（靴），用来防止工作人员脚底部触电。带电作业用绝缘鞋（靴）按鞋面材质可分为（　　）鞋。

A. 棉面　　B. 皮面　　C. 胶面　　D. 布面

答：BCD。

出处：DL/T 676—2012《带电作业用绝缘鞋（靴）通用技术条件》3.1。

114. 带电作用绝缘鞋（靴）分为（　　）。

A. 布面绝缘鞋　　B. 皮面绝缘鞋
C. 胶面绝缘鞋　　D. 绝缘靴

答：ABCD。

出处：DL/T 676—2012《带电作业用绝缘鞋（靴）通用技术条件》4.2。

115. 带电作业用绝缘鞋的级别分为（　　）级。

A. 0　　B. 1　　C. 2　　D. 3

答：ABC。

出处：DL/T 676—2012《带电作业用绝缘鞋（靴）通用技术条件》4.1。

116. 带电作业用绝缘靴的级别分为（　　）级。

A. 1　　B. 2　　C. 3　　D. 4

答：ABCD。

出处：DL/T 676—2012《带电作业用绝缘鞋（靴）通用技术条件》4.1。

117. 不同级别的绝缘手套的长度标准，00 型为（　　）mm。

A. 270　　B. 360　　C. 410　　D. 460

答：AB。

出处：DL/T 975—2005《带电作业用防机械刺穿手套》6.2.1。

118. 不同级别的绝缘手套的长度标准，1 型为（　　）mm。

A. 270　　B. 360　　C. 410　　D. 460

答：CD。

出处：DL/T 975—2005《带电作业用防机械刺穿手套》6.2.1。

119. 绝缘手套由合成橡胶制成，手套可以加衬，以防止（　　）的作用。

A. 机械磨损　　B. 化学腐蚀
C. 臭氧　　D. 老化

答：ABC。

出处：DL/T 975—2005《带电作业用防机械刺穿手套》4。

120. 带电作业工具库房的装修材料中，宜采用不起尘（　　）的材料，地面应采用隔湿、防潮材料。

A. 阻燃　　B. 隔热　　C. 防潮　　D. 无毒

答：ABCD。

出处：DL/T 974—2018《带电作业用工具库房》4.7。

121. 硬质绝缘工具中的硬梯、平梯、挂梯、升降梯、拖瓶架等可采用水平式存放架存放，每层间隔（　　）cm 以上，最低对地面高度不小于（　　）cm。

A. 20　　B. 30　　C. 40　　D. 50

答：BD。

出处：DL/T 974—2018《带电作业用工具库房》7.2。

第三章 判 断 题

1. 绝缘斗臂车在运输期间，工作斗必须恢复到行驶位置，带吊臂的绝缘斗臂车，吊臂不应卸掉或缩回。

答：×。

解析：绝缘斗臂车在运输期间，工作斗必须恢复到行驶位置，带吊臂的绝缘斗臂车，吊臂应卸掉或缩回。

出处：DL/T 854—2017《带电作业用绝缘斗臂车使用导则》10.1。

2. 工具、设备和材料临时储存在斗内，可以超出斗的边沿。

答：×。

解析：工具、设备和材料临时储存在斗内，不可以超出斗的边沿。

出处：DL/T 854—2017《带电作业用绝缘斗臂车使用导则》5.7。

3. 在绝缘斗臂车的玻璃钢臂内，进行过修理的软管、传动件、杆或导管等，仅对修理后的部件做验收试验。

答：×。

解析：在绝缘斗臂车的玻璃钢臂内，凡进行过修理的软管、传动件、杆或导管等，均应做验收试验

出处：DL/T 854—2004《带电作业用绝缘斗臂车的保养维护及在使用中的试验》10。

4. 在绝缘斗臂车的玻璃钢臂内，凡进行过修理的软管、传动件、杆或导管等，均应做验收试验。

答：√。

解析：

出处：DL/T 854—2004《带电作业用绝缘斗臂车的保养维护及在使用中的试验》10。

5. 带电作用绝缘工具应定期进行电气试验和机械强度试验，其试验周期为：电气试验一年一次，型式试验一年一次，两次试验间隔半年。

答：×。

解析：带电作用绝缘工具应定期进行电气试验和机械强度试验，其试验周期为：电气试验：预防性试验一年一次，检查性试验一年一次，两次试验间隔半年。

出处：DL/T 878—2004《带电作业用绝缘工具试验导则》5.6。

6. 对 10～220kV 电压等级的绝缘工具，进行操作冲击耐压试验和工频耐压试验在规定的试验电压和耐受时间下以无击穿、无闪络、无发热为合格。

答：×。

解析：对 10～220kV 电压等级的绝缘工具，不进行操作冲击耐压试验，工频耐压试验在规定的试验电压和耐受时间下以无击穿、无闪络、无发热为合格。

出处：DL/T 878—2004《带电作业用绝缘工具试验导则》3.5.1。

7. 对 10kV 电压等级的绝缘工具，进行泄漏电流型式试验时，试验电压为 20kV，加压时间为 15min，泄漏电流应小于 0.5mA。

答：×。

解析：对 10kV 电压等级的绝缘工具，进行泄漏电流型式试验时，试验电压为 8kV，加压时间为 15min，泄漏电流应小于 0.5mA。

出处：DL/T 878—2004《带电作业用绝缘工具试验导则》表 3。

8. 对 10kV 电压等级的绝缘工具，进行泄漏电流型式试验时，试验电压为 8kV，加压时间为 15min，泄漏电流应小于 0.5mA。

答：√。

解析：对 10kV 电压等级的绝缘工具，进行泄漏电流型式试验时，试验电压为 8kV，加压时间为 15min，泄漏电流应小于 0.5mA。

出处：DL/T 878—2004《带电作业用绝缘工具试验导则》表 3。

9. 人体绝缘保险绳由绝缘丝线制成，用于检测带电设备间或带电设备对地距离的一种标有尺度的绝缘索工具

答：×。

解析：人体绝缘保险绳由绝缘丝线制成，在带电作业中防止作业人员高空坠落的一种保护绳索工具。

出处：DL 779—2001《带电作业用绝缘绳索类工具》3.3.1。

10. 人体绝缘保险绳由绝缘丝线制成，在带电作业中防止作业人员高空坠

落的一种保护绳索工具。

答：√。

解析：人体绝缘保险绳由绝缘丝线制成，在带电作业中防止作业人员高空坠落的一种保护绳索工具。

出处：DL 779—2001《带电作业用绝缘绳索类工具》3.3.1。

11. 绝缘测距绳是由绝缘丝线制成，用于检测带电设备对地距离的一种有尺度的绝缘绳索工具。

答：×。

解析：绝缘测距绳是由绝缘丝线制成，用于检测带电设备间或带电设备对地距离的一种有尺度的绝缘绳索工具。

出处：DL 779—2001《带电作业用绝缘绳索类工具》3.4。

12. 带电作业所需要的绝缘水平的定义：工作位置所需的，为减少绝缘击穿危险而提出的一个可以接受的低水平的统计冲击短时峰值电压。

答：×。

解析：带电作业所需要的绝缘水平的定义：工作位置所需的，为减少绝缘击穿危险而提出的一个可以接受的低水平的统计冲击耐受电压。

出处：DL/T 877—2004《带电作业工具、装置和设备使用的一般要求》3.2。

13. 带电作业所需要的绝缘水平的定义：工作位置所需的，为减少绝缘击穿危险而提出的一个可以接受的低水平的统计冲击耐受电压。

答：√。

解析：

出处：DL/T 877—2004《带电作业工具、装置和设备使用的一般要求》3.2。

14. 绝缘防护用具的定义：由绝缘材料制成，在带电作业时对人体进行安全保护的用具。包含绝缘安全帽、绝缘袖套、绝缘披肩、绝缘毯等。

答：×。

解析：绝缘防护用具的定义：由绝缘材料制成，在带电作业时对人体进行安全防护的用具。绝缘防护用具包含绝缘安全帽、绝缘袖套、绝缘披肩等。

出处：GB/T 18857—2019《配电线路带电作业技术导则》3.1。

15. 绝缘防护用具的定义：由绝缘材料制成，在带电作业时对人体进行安全防护的用具。绝缘防护用具包含绝缘安全帽、绝缘袖套、绝缘披肩等。

答： √。

解析： 绝缘防护用具的定义：由绝缘材料制成，在带电作业时对人体进行安全防护的用具。绝缘防护用具包含绝缘安全帽、绝缘袖套、绝缘披肩等。

出处： GB/T 18857—2019《配电线路带电作业技术导则》3.1。

16. 绝缘遮蔽用具的定义：由绝缘材料制成，用来遮蔽或隔离带电体的硬质和软质用具。

答： ×。

解析： 绝缘遮蔽用具的定义：由绝缘材料制成，用来遮蔽或隔离带电体和邻近的接地部件的硬质和软质用具。

出处： GB/T 18857—2019《配电线路带电作业技术导则》3.2。

17. 绝缘遮蔽用具的定义：由绝缘材料制成，用来遮蔽或隔离带电体和邻近的接地部件的硬质和软质用具。

答： ×。

解析： 绝缘遮蔽用具的定义：由绝缘材料制成，用来遮蔽或隔离带电体和邻近的接地部件的硬质和软质用具。

出处： GB/T 18857—2019《配电线路带电作业技术导则》3.2。

18. 绝缘承载工具的定义：承载作业人员进入带电作业位置的固定式绝缘承载工具，包括绝缘斗臂车、绝缘体、绝缘平台等。

答： ×。

解析： 绝缘承载工具的定义：承载作业人员进入带电作业位置的固定式或移动式绝缘承载工具，包括绝缘斗臂车、绝缘体、绝缘平台等。

出处： GB/T 18857—2019《配电线路带电作业技术导则》3.4。

19. 绝缘承载工具的定义：承载作业人员进入带电作业位置的固定式或移动式绝缘承载工具，包括绝缘斗臂车、绝缘体、绝缘平台等。

答： √。

解析： 绝缘承载工具的定义：承载作业人员进入带电作业位置的固定式或移动式绝缘承载工具，包括绝缘斗臂车、绝缘体、绝缘平台等。

出处： GB/T 18857—2019《配电线路带电作业技术导则》3.4。

20. 带电作业如遇雷、雨、雪、雾时不宜进行作业。

答：×。

解析：带电作业如遇雷、雨、雪、雾时不应进行作业。

出处：GB/T 18857—2019《配电线路带电作业技术导则》4.3.1。

21. 带电作业如遇雷、雨、雪、雾时不应进行作业。

答：√。

解析：带电作业如遇雷、雨、雪、雾时不应进行作业。

出处：GB/T 18857—2019《配电线路带电作业技术导则》4.3.1。

22. 工作票的有效时间以批准检修期为限，已结束的工作票，应保存 6 个月。

答：×。

解析：工作票的有效时间以批准检修期为限，已结束的工作票，应保存 12 个月。

出处：GB/T 18857—2019《配电线路带电作业技术导则》5.1.2。

23. 工作票签发人可以同时兼任该项工作的工作负责人

答：×。

解析：工作票签发人不得同时兼任该项工作的工作负责人。

出处：GB/T 18857—2019《配电线路带电作业技术导则》5.1.4。

24. 作业应设专人监护，工作负责人（或专责监护人）应始终在工作现场，对作业人员的安全认真监护，及时参与必要的地面工作。

答：×。

解析：作业应设专人监护，工作负责人（或专责监护人）应始终在工作现场，对作业人员的安全认真监护，及时纠正违反安全的动作

出处：GB/T 18857—2019《配电线路带电作业技术导则》5.2.1。

25. 作业应设专人监护，工作负责人（或专责监护人）应始终在工作现场，对作业人员的安全认真监护，及时纠正违反安全的动作。

答：√。

解析：作业应设专人监护，工作负责人（或专责监护人）应始终在工作现场，对作业人员的安全认真监护，及时纠正违反安全的动作

出处：GB/T 18857—2019《配电线路带电作业技术导则》5.2.1。

26. 工作负责人（或专责监护人）不得擅离岗位但可以兼任其他工作。

答：×。

解析：工作负责人（或专责监护人）不得擅离岗位或兼任其他工作。

出处：GB/T 18857—2019《配电线路带电作业技术导则》5.2.2。

27. 工作负责人（或专责监护人）的监护范围可以超过一个作业点。复杂的高杆塔上的作业，必要时应增设专责监护人。

答：×。

解析：工作负责人（或专责监护人）的监护范围不得超过一个作业点。复杂的高杆塔上的作业，必要时应增设专责监护人。

出处：GB/T 18857—2019《配电线路带电作业技术导则》5.2.3。

28. 在进行配电带电作业前，工作负责人应根据作业项目确定操作人员，如作业当天出现某作业人员精神和体力明显不适的情况，应让其充分休息后再进行作业。

答：×。

解析：在进行配电带电作业前，工作负责人应根据作业项目确定操作人员，如作业当天出现某作业人员精神和体力明显不适的情况，应及时更换人员，不得强行要求作业。

出处：GB/T 18857—2019《配电线路带电作业技术导则》9.1。

29. 在配电线路带电作业时，作业人员在工作现场应检查电杆，必要时应采取防止倒塌的措施。

答：×。

解析：在配电线路带电作业时，作业人员在工作现场应检查电杆及电杆拉线，必要时应采取防止倒塌的措施。

出处：GB/T 18857—2019《配电线路带电作业技术导则》9.6。

30. 在配电线路带电作业时，作业人员在工作现场应检查电杆及电杆拉线，必要时应采取防止倒塌的措施。

答：√。

解析：在配电线路带电作业时，作业人员在工作现场应检查电杆及电杆拉线，必要时应采取防止倒塌的措施。

出处：GB/T 18857—2019《配电线路带电作业技术导则》9.6。

31. 绝缘袖套在使用前应检查有无刺孔、划破等缺陷。若存在以上缺陷，应退出使用。

答：√。

解析：绝缘袖套在使用前应检查有无刺孔、划破等缺陷。若存在以上缺陷，应退出使用。

出处：GB/T 18857—2019《配电线路带电作业技术导则》9.9。

32. 绝缘袖套在使用前应检查有无刺孔缺陷，若有，应退出使用。

答：×。

解析：绝缘袖套在使用前应检查有无刺孔、划破等缺陷。若存在以上缺陷，应退出使用。

出处：GB/T 18857—2019《配电线路带电作业技术导则》9.9。

33. 采用绝缘斗臂车作业前，应考虑工作负载及工器具和作业人员的重量，严禁超载。

答：√。

解析：采用绝缘斗臂车作业前，应考虑工作负载及工器具和作业人员的重量，严禁超载。

出处：GB/T 18857—2019《配电线路带电作业技术导则》9.8。

34. 采用绝缘斗臂车作业前，应考虑工器具和作业人员的重量，严禁超载。

答：×。

解析：采用绝缘斗臂车作业前，应考虑工作负载及工器具和作业人员的重量，严禁超载。

出处：GB/T 18857—2019《配电线路带电作业技术导则》9.8。

35. 作业人员应根据地形地貌，将绝缘斗臂车定位于最适于作业的位置，绝缘斗臂车应良好接地。

答：√。

出处：GB/T 18857—2019《配电线路带电作业技术导则》9.7。

36. 作业人员应根据地形地貌，将绝缘斗臂车定位于最适宜停放的位置，绝缘斗臂车应良好接地。

答：×。

解析：作业人员应根据地形地貌，将绝缘斗臂车定位于最适于作业的位置，绝缘斗臂车应良好接地。

出处：GB/T 18857—2019《配电线路带电作业技术导则》9.7。

37. 绝缘手套和绝缘靴在使用前应压入空气，检查有无针孔缺陷。

答：√。

出处：GB/T 18857—2019《配电线路带电作业技术导则》9.9。

38. 绝缘手套和绝缘靴在使用前应压入空气，检查有无裂缝缺陷。

答：×。

解析：绝缘手套和绝缘靴在使用前应压入空气，检查有无针孔缺陷。

出处：GB/T 18857—2019《配电线路带电作业技术导则》9.9。

39. 在配电线路带电作业中，作业人员进入工作斗内或蹬杆到达工作位置后，应先系好安全带。

答：√。

解析：在配电线路带电作业中，作业人员进入工作斗内或蹬杆到达工作位置后，应先系好安全带。

出处：GB/T 18857—2019《配电线路带电作业技术导则》9.7。

40. 在配电线路带电作业中，作业人员升斗到达工作位置后，先系好安全带。

答：×。

解析：在配电线路带电作业中，作业人员进入工作斗内或蹬杆到达工作位置后，应先系好安全带。

出处：GB/T 18857—2019《配电线路带电作业技术导则》9.7。

41. 在低压带电导线或漏电的金属紧固件未采取绝缘遮蔽或隔离措施时，作业人员不得穿越或碰触。

答：√。

解析：在低压带电导线或漏电的金属紧固件未采取绝缘遮蔽或隔离措施时，作业人员不得穿越或碰触。

出处：GB/T 18857—2019《配电线路带电作业技术导则》9.13。

42. 在穿戴全套绝缘服装时，作业人员可以穿越低压带电导线。

答：×。

解析：在低压带电导线或漏电的金属紧固件未采取绝缘遮蔽或隔离措施

时，作业人员不得穿越或碰触。

出处：GB/T 18857—2019《配电线路带电作业技术导则》9.13。

43. 在配电线路带电作业中，如遮蔽罩有脱落的可能时，应采用绝缘夹或绝缘绳绑扎，以防脱落。

答：√。

解析：在配电线路带电作业中，如遮蔽罩有脱落的可能时，应采用绝缘夹或绝缘绳绑扎，以防脱落。

出处：GB/T 18857—2019《配电线路带电作业技术导则》9.15。

44. 拆除遮蔽用具应按照先接地体后带电体的原则。

答：√。

解析：拆除遮蔽用具应按照先接地体后带电体的原则

出处：GB/T 18857—2019《配电线路带电作业技术导则》9.16。

45. 拆除遮蔽用具应按照先带电体后接地体的原则。

答：×。

解析：拆除遮蔽用具应按照先接地体后带电体的原则

出处：GB/T 18857—2019《配电线路带电作业技术导则》9.16。

46. 拆除遮蔽用具应按照从远到近的原则，即从离作业人员最远的开始依次向近处拆除。

答：√。

解析：拆除遮蔽用具应按照从远到近的原则，即从离作业人员最远的开始依次向近处拆除

出处：GB/T 18857—2019《配电线路带电作业技术导则》9.16。

47. 拆除遮蔽用具应按照方便操作的原则，可以先拆除离作业人员较近的遮蔽用具。

答：×。

解析：拆除遮蔽用具应按照从远到近的原则，即从离作业人员最远的开始依次向近处拆除

出处：GB/T 18857—2019《配电线路带电作业技术导则》9.16。

48. 从地面向杆上作业位置吊运工器具和遮蔽用具时，工器具和遮蔽用具应分别装入不同的吊装袋，避免混装。

答： √。

解析： 从地面向杆上作业位置吊运工器具和遮蔽用具时，工器具和遮蔽用具应分别装入不同的吊装袋，避免混装。

出处： GB/T 18857—2019《配电线路带电作业技术导则》9.17。

49. 从地面向杆上作业位置吊运工器具和遮蔽用具时，为方便工作，工器具和遮蔽用具可一起装入同一吊装袋。

答： ×。

解析： 从地面向杆上作业位置吊运工器具和遮蔽用具时，工器具和遮蔽用具应分别装入不同的吊装袋，避免混装。

出处： GB/T 18857—2019《配电线路带电作业技术导则》9.17。

50. 工作负责人应时刻掌握作业人员的疲劳程度，保持适当的时间间隔，必要时可以两班交替作业。

答： √。

解析： 工作负责人应时刻掌握作业人员的疲劳程度，保持适当的时间间隔，必要时可以两班交替作业。

出处： GB/T 18857—2019《配电线路带电作业技术导则》9.18。

51. 工作负责人应时刻掌握作业人员的疲劳程度，保持适当的时间间隔，必要时可以去除部分防护用具。

答： ×。

解析： 工作负责人应时刻掌握作业人员的疲劳程度，保持适当的时间间隔，必要时可以两班作业人员交替作业。

出处： GB/T 18857—2019《配电线路带电作业技术导则》9.18。

52. 作业位置周围如有接地拉线和低压线等设施，也应使用绝缘挡板、绝缘毯、遮蔽罩等对周边物体进行绝缘隔离。

答： √。

解析： 作业位置周围如有接地拉线和低压线等设施，也应使用绝缘挡板、绝缘毯、遮蔽罩等对周边物体进行绝缘隔离。

出处： GB/T 18857—2019《配电线路带电作业技术导则》9.15。

53. 在配电线路带电作业中，作业位置周围如有低压线，作业人员穿绝缘服时可不进行绝缘隔离。

答：×。

解析：配电线路带电作业位置周围如有接地拉线和低压线等设施，也应使用绝缘挡板、绝缘毯、遮蔽罩等对周边物体进行绝缘隔离。

出处：GB/T 18857—2019《配电线路带电作业技术导则》9.15。

54. 交流耐压试验是指对绝缘施加一次规定值的工频试验电压（有效值），以检验其绝缘性能是否良好的试验。

答：√。

解析：交流耐压试验是指对绝缘施加一次规定值的工频试验电压（有效值），以检验其绝缘性能是否良好的试验。

出处：DL/T 976—2017《带电作业用工具、装置和设备预防性试验规程》3.2。

55. 交流耐压试验是指对绝缘施加一次规定值的工频试验电压（最大值），以检验其绝缘性能是否良好的试验。

答：×。

解析：交流耐压试验是指对绝缘施加一次规定值的工频试验电压（有效值），以检验其绝缘性能是否良好的试验。

出处：DL/T 976—2017《带电作业用工具、装置和设备预防性试验规程》3.2。

56. 动负荷试验指在施加负荷的基础上考虑因运动、操作而产生横向或纵向冲击作用力的机械载荷试验。

答：√。

解析：动负荷试验指在施加负荷的基础上考虑因运动、操作而产生横向或纵向冲击作用力的机械载荷试验。

出处：DL/T 976—2017《请补充带电作业用工具、装置和设备预防性试验规程》3.6。

57. 动负荷试验指在施加负荷的基础上考虑因运动、操作而产生横向或纵向拉力或压力的机械载荷试验。

答：×。

解析：动负荷试验指在施加负荷的基础上考虑因运动、操作而产生横向或纵向冲击作用力的机械载荷试验。

出处：DL/T 976—2017《带电作业用工具、装置和设备预防性试验规程》3.6。

58. 直流带电作业工具、装置和设备，采用 3min 直流耐压试验和操作冲击耐压试验。在进行直流耐压试验时，应采用负极性接线。

答：√。

解析：直流带电作业工具、装置和设备，采用 3min 直流耐压试验和操作冲击耐压试验。在进行直流耐压试验时，应采用负极性接线。

出处：DL/T 976—2017《带电作业用工具、装置和设备预防性试验规程》4.4。

59. 直流带电作业工具、装置和设备，采用 3min 直流耐压试验和操作冲击耐压试验。在进行直流耐压试验时，应采用正极性接线。

答：×。

解析：直流带电作业工具、装置和设备，采用 3min 直流耐压试验和操作冲击耐压试验。在进行直流耐压试验时，应采用负极性接线。

出处：DL/T 976—2017《带电作业用工具、装置和设备预防性试验规程》4.4。

60. 绝缘手工工具的外观和尺寸检查，在环境温度为－20～+50℃范围内，工具的使用性能应满足工作要求。

答：×。

解析：绝缘手工工具的外观和尺寸检查，在环境温度为－20～+70℃范围内，工具的使用性能应满足工作要求。

出处：DL/T 976—2017《带电作业用工具、装置和设备预防性试验规程》5.8.1。

61. 绝缘手工工具的外观和尺寸检查，在环境温度为－20～+70℃范围内，工具的使用性能应满足工作要求。

答：√。

解析：绝缘手工工具的外观和尺寸检查，在环境温度为－20～+70℃范围内，工具的使用性能应满足工作要求。

出处：DL/T 976—2017《带电作业用工具、装置和设备预防性试验规程》5.8.1。

62. 对绝缘服进行整衣层向交流耐压试验时，绝缘上衣的前胸、后背、左袖、右袖均应进行试验。

答： √。

解析： 对绝缘服进行整衣层向交流耐压试验时，绝缘上衣的前胸、后背、左袖、右袖均应进行试验。

出处： DL/T 976—2017《带电作业用工具、装置和设备预防性试验规程》7.3.2.2。

63. 对缘服进行整衣层向交流耐压试验时，绝缘上衣的双肩和左右袖均应进行试验。

答： ×。

解析： 对绝缘服进行整衣层向交流耐压试验时，绝缘上衣的前胸、后背、左袖、右袖均应进行试验。

出处： DL/T 976—2017《带电作业用工具、装置和设备预防性试验规程》7.3.2.2。

64. 对核相仪的外观及尺寸检查包括手柄、手护环、绝缘元件、电阻元件、限位标记和绝缘杆等均应无明显损伤。

答： ×。

解析： 对核相仪的外观及尺寸检查包括手柄、手护环、绝缘元件、电阻元件、限位标记和接触电极、连接引线、接地引线、指示器、转接器和绝缘杆等均应无明显损伤。

出处： DL/T 976—2017《带电作业用工具、装置和设备预防性试验规程》8.1.1。

65. 对核相仪的外观及尺寸检查包括手柄、手护环、绝缘元件、电阻元件、限位标记和接触电极、连接引线、接地引线、指示器、转接器和绝缘杆等均应无明显损伤。

答： √。

解析： 对核相仪的外观及尺寸检查包括手柄、手护环、绝缘元件、电阻元件、限位标记和接触电极、连接引线、接地引线、指示器、转接器和绝缘杆等均应无明显损伤。

出处：DL/T 976—2017《带电作业用工具、装置和设备预防性试验规程》8.1.1。

66. 绝缘斗臂车就目前我国已有的车型，按试验接线分为两类，一类为伸缩式斗臂车和混合式，另一类为折叠臂式。

答：×。

解析：绝缘斗臂车就目前我国已有的车型，按试验接线分为两类，一类为伸缩式斗臂车，另一类为折叠臂式和混合式。

出处：DL/T 976—2017《带电作业用工具、装置和设备预防性试验规程》9.1.2.2。

67. 绝缘斗臂车就目前我国已有的车型，按试验接线分为两类，一类为伸缩式斗臂车，另一类为折叠臂式和混合式。

答：√。

解析：绝缘斗臂车就目前我国已有的车型，按试验接线分为两类，一类为伸缩式斗臂车，另一类为折叠臂式和混合式。

出处：DL/T 976—2017《带电作业用工具、装置和设备预防性试验规程》9.1.2.2。

68. 核相仪自检试验，按照操作程序和步骤对核相仪进行自检回路检测，重复进行 3 次自检，每次自检都有听觉信号，则试验通过。

答：×。

解析：核相仪自检试验，按照操作程序和步骤对核相仪进行自检回路检测，重复进行 3 次自检，每次自检都有视觉和听觉信号，则试验通过。

出处：DL/T 976—2017《带电作业用工具、装置和设备预防性试验规程》8.1.2.2。

69. 核相仪自检试验，按照操作程序和步骤对核相仪进行自检回路检测，重复进行 3 次自检，每次自检都有视觉和听觉信号，则试验通过。

答：√。

解析：核相仪自检试验，按照操作程序和步骤对核相仪进行自检回路检测，重复进行 3 次自检，每次自检都有视觉和听觉信号，则试验通过。

出处：DL/T 976—2017《带电作业用工具、装置和设备预防性试验规程》8.1.2.2。

70. 吊杆的最短有效长度，额定电压为10kV的固定部分长度为支杆0.6m、拉（吊）杆0.4m，支杆活动部分的长度为0.5m。

答：×。

解析：支、拉、吊杆的最短有效长度，额定电压为10kV的固定部分长度为支杆0.6m、拉（吊）杆0.2m，支杆活动部分的长度为0.5m。

出处：DL/T 976—2017《带电作业用工具、装置和设备预防性试验规程》表4。

71. 支杆、拉杆、吊杆的最短有效长度，额定电压为10kV的固定部分长度为支杆0.6m、拉（吊）杆0.2m；支杆活动部分的长度为0.5m。

答：√。

解析：支杆、拉杆、吊杆的最短有效长度，额定电压为10kV的固定部分长度为支杆0.6m、拉（吊）杆0.2m；支杆活动部分的长度为0.5m。

出处：DL/T 976—2017《带电作业用工具、装置和设备预防性试验规程》表4。

72. 绝缘安全帽的交流耐压试验，试验电压应从较低值开始上升，以大约2000V/s的速度逐渐升压至20kV，加压时间保持1min，试验时以无闪络、无击穿、无过热为合格。

答：×。

解析：绝缘安全帽的交流耐压试验，试验电压应从较低值开始上升，以大约1000V/s的速度逐渐升压至20kV，加压时间保持1min，试验时以无闪络、无击穿、无过热为合格。

出处：DL/T 976—2017《带电作业用工具、装置和设备预防性试验规程》7.5.2.2。

73. 绝缘安全帽的交流耐压试验，试验电压应从较低值开始上升，以大约1000V/s的速度逐渐升压至20kV，加压时间保持1min，试验时以无闪络、无击穿、无过热为合格。

答：√。

解析：绝缘安全帽的交流耐压试验，试验电压应从较低值开始上升，以大约1000V/s的速度逐渐升压至20kV，加压时间保持1min，试验时以无闪络、无击穿、无过热为合格。

出处：DL/T 976—2017《带电作业用工具、装置和设备预防性试验规程》7.5.2.2。

74. 绝缘操作杆中额定电压为 10kV 的，手持部分长度不小于 0.4m。

答：×。

解析：绝缘操作杆中额定电压为 10kV 的，手持部分长度不小于 0.6m。

出处：DL/T 976—2017《带电作业用工具、装置和设备预防性试验规程》表 1。

75. 绝缘操作杆中额定电压为 10kV 的，手持部分长度不小于 0.6m。

答：√。

解析：绝缘操作杆中额定电压为 10kV 的，手持部分长度不小于 0.6m。

出处：DL/T 976—2017《带电作业用工具、装置和设备预防性试验规程》表 1。

76. 编织绝缘绳的内芯与外编织材料要尽量一致。

答：×。

解析：编织绝缘绳的内芯与外编织材料要相同。

出处：DL/T 976—2017《带电作业用工具、装置和设备预防性试验规程》5.5.1。

77. 编织绝缘绳的内芯与外编织材料要相同。

答：√。

解析：编织绝缘绳的内芯与外编织材料要相同。

出处：DL/T 976—2017《带电作业用工具、装置和设备预防性试验规程》5.5.1。

78. 绝缘软梯的电气性能试验，将绝缘软梯按其适用的电压等级相应的电极长度进行耐压试验。

答：×。

解析：绝缘软梯的电气性能试验，将绝缘软梯按其适用的电压等级相应的电极长度折叠后进行耐压试验。

出处：DL/T 976—2017《带电作业用工具、装置和设备预防性试验规程》5.6.2.2。

79. 绝缘软梯的电气性能试验，将绝缘软梯按其适用的电压等级相应的电极长度折叠后进行耐压试验。

答：√。

解析：绝缘软梯的电气性能试验，将绝缘软梯按其适用的电压等级相应的电极长度折叠后进行耐压试验。

出处：DL/T 976—2017《带电作业用工具、装置和设备预防性试验规程》5.6.2.2。

80. 绝缘手工工具的电气试验，试验时施加 20kV 工频电压，持续 3min，若未发生击穿、放电或闪络，则试验通过。

答：×。

解析：绝缘手工工具的电气试验，试验时施加 10kV 工频电压，持续 1min，若未发生击穿、放电或闪络，则试验通过。

出处：DL/T 976—2017《带电作业用工具、装置和设备预防性试验规程》5.8.2.2。

81. 绝缘手工工具的电气试验，试验时施加 10kV 工频电压，持续 1min，若未发生击穿、放电或闪络，则试验通过。

答：√。

解析：绝缘手工工具的电气试验，试验时施加 10kV 工频电压，持续 1min，若未发生击穿、放电或闪络，则试验通过。

出处：DL/T 976—2017《带电作业用工具、装置和设备预防性试验规程》5.8.2.2。

82. 绝缘子电位分布测试仪的间隙调整与放电试验中，间隙放电试验的次数不应少于 15 次。

答：×。

解析：绝缘子电位分布测试仪的间隙调整与放电试验中，间隙放电试验的次数不应少于 10 次。

出处：DL/T 976—2017《带电作业用工具、装置和设备预防性试验规程》8.4.2.2。

83. 绝缘子电位分布测试仪的间隙调整与放电试验中，间隙放电试验的次数不应少于 10 次。

答：√。

解析：绝缘子电位分布测试仪的间隙调整与放电试验中，间隙放电试验的次数不应少于 10 次。

出处：DL/T 976—2017《带电作业用工具、装置和设备预防性试验规程》8.4.2.2。

84. 绝缘袖套内外表面均应完好无损，无划痕、裂缝、折缝，无明显孔洞。

答：×。

解析：绝缘袖套内外表面均应完好无损，无深度划痕、裂缝、折缝，无明显孔洞。

出处：DL/T 976—2017《带电作业用工具、装置和设备预防性试验规程》7.2.1。

85. 绝缘袖套内外表面均应完好无损，无深度划痕、裂缝、折缝，无明显孔洞。

答：√。

解析：绝缘袖套内外表面均应完好无损，无深度划痕、裂缝、折缝，无明显孔洞。

出处：DL/T 976—2017《带电作业用工具、装置和设备预防性试验规程》7.2.1。

86. 人身绝缘保险绳的抗拉性能应在静拉力 3.0kN 下持续 5min 无损伤、无断裂。

答：×。

解析：人身绝缘保险绳的抗拉性能应在静拉力 4.4kN 下持续 5min 无损伤、无断裂。

出处：DL/T 976—2017《带电作业用工具、装置和设备预防性试验规程》表 9。

87. 人身绝缘保险绳的抗拉性能应在静拉力 4.4kN 下持续 5min 无损伤、无断裂。

答：√。

解析：人身绝缘保险绳的抗拉性能应在静拉力 4.4kN 下持续 5min 无损伤、无断裂。

出处：DL/T 976—2017《带电作业用工具、装置和设备预防性试验规程》

表 9。

88. 绝缘钩型滑车的电气试验，应能通过交流 45kV、1min 的耐压试验。

答：×。

解析：绝缘钩型滑车的电气试验，应能通过交流 37kV、1min 的耐压试验。

出处：DL/T 976—2017《带电作业用工具、装置和设备预防性试验规程》5.7.2.2。

89. 绝缘钩型滑车的电气试验，应能通过交流 37kV、1min 的耐压试验。

答：√。

解析：绝缘钩型滑车的电气试验，应能通过交流 37kV、1min 的耐压试验。

出处：DL/T 976—2017《带电作业用工具、装置和设备预防性试验规程》5.7.2.2。

90. 除钩型滑车外，其他型号的绝缘滑车均应能通过交流 35kV、1min 的耐压试验。

B

解析：除绝缘钩型滑车外，其他型号的绝缘滑车均应能通过交流 25kV、1min 的耐压试验

出处：DL/T 976—2017《带电作业用工具、装置和设备预防性试验规程》5.7.2.2。

91. 除绝缘钩型滑车外，其他型号的绝缘滑车均应能通过交流 25kV、1min 的耐压试验。

答：√。

解析：除绝缘钩型滑车外，其他型号的绝缘滑车均应能通过交流 25kV、1min 的耐压试验

出处：DL/T 976—2017《带电作业用工具、装置和设备预防性试验规程》5.7.2.2。

92. 柔性电缆与连接器组合后交流电压试验：施加 45kV 交流电压 3min，以无击穿为合格。

答：×。

解析：柔性电缆与连接器组合后交流电压试验：施加 45kV 交流电压 1min，以无击穿为合格。

出处：DL/T 976—2017《带电作业用工具、装置和设备预防性试验规程》9.8.2.2。

93. 柔性电缆与连接器组合后交流电压试验，施加 45kV 交流电压 1min，以无击穿为合格。

答：√。

解析：柔性电缆与连接器组合后交流电压试验，施加 45kV 交流电压 1min，以无击穿为合格。

出处：DL/T 976—2017《带电作业用工具、装置和设备预防性试验规程》9.8.2.2。

94. 进行预防性试验时，一般先进行外观检查，再进行机械试验，最后进行电气试验。

答：×。

解析：进行预防性试验时，一般先进行外观检查，再进行电气试验，最后进行机械试验。

出处：DL/T 976—2017《带电作业用工具、装置和设备预防性试验规程》4.1。

95. 进行预防性试验时，一般先进行外观检查，再进行电气试验，最后进行机械试验。

答：√。

解析：进行预防性试验时，一般先进行外观检查，再进行电气试验，最后进行机械试验。

出处：DL/T 976—2017《带电作业用工具、装置和设备预防性试验规程》4.1。

96. 材料的电弧热防护性能值（ATPV）是用来反映防护材料电弧防护性能的指标之一。通常状态下当外界入射能量大于该值时，面料能有效阻隔和减少透过的能量避免造成人体Ⅱ度及以上灼伤。

答：×。

解析：正确阐述：材料的电弧热防护性能值（ATPV）是用来反映防护材料电弧防护性能的指标之一。通常状态下当外界入射能量小于该值时，面料能有效阻隔和减少透过的能量避免造成人体Ⅱ度及以上灼伤。

出处：DL/T 320—2010《个人电弧防护用品通用技术要求》3.12。

97. 个人电弧防护用品的破裂是指进行电弧防护性能测试时，面料上产生破洞总面积超过 1.6cm^2 的破洞。

答：×。

解析：正确阐述：个人电弧防护用品的破裂是指进行电弧防护性能测试时，面料上产生破洞总面积超过 1.6cm^2 或单个长度大于 2.5cm 的破洞。

出处：DL/T 320—2010《个人电弧防护用品通用技术要求》3.13。

98. 材料破裂阈能（Ebt），指进行电弧防护性能测试时，入射到材料上的能量不会造成面料破裂。

答：√。

解析：材料破裂阈能（Ebt），指进行电弧防护性能测试时，入射到材料上的能量不会造成面料破裂。

出处：DL/T 320—2010《个人电弧防护用品通用技术要求》3.14。

99. 为确保个人电弧防护用品在使用过程中具有稳定可靠的防护性能，面料应采用后整理阻燃的材料，不可采用具有本质阻燃性能的材料。

答：×。

解析：正确阐述：为确保个人电弧防护用品在使用过程中具有稳定可靠的防护性能，面料应采用具有本质阻燃性能的材料，不可采用后整理阻燃的材料。

出处：DL/T 320—2010《个人电弧防护用品通用技术要求》5.2.1.3。

100. 电弧防护服应在显著部位标识面料的 ATPV 和 Ebt 二者中的较高值。

答：×。

解析：正确阐述：电弧防护服应在显著部位标识面料的 ATPV 和 Ebt 二者中的较低值。

出处：DL/T 320—2010《个人电弧防护用品通用技术要求》5.3.1。

101. 面屏表面清洗时应采用硬质刷子或粗糙物体摩擦面屏。

答：×。

解析：面屏表面清洗时避免采用硬质刷子或粗糙物体摩擦面屏。

出处：DL/T 320—2010《个人电弧防护用品通用技术要求》8.1.3。

102. 断路器能关合、承载、开断运行回路正常电流，也能在规定时间内关合、承载、开断规定的过载电流（包括短路电流）的开关设备。

答：√。

解析：断路器能关合、承载、开断运行回路正常电流，也能在规定时间内关合、承载、开断规定的过载电流（包括短路电流）的开关设备。

出处：GB 26859—2011《电力安全工作规程 电力线路部分》3.8。

103. 在线路作业现场，发现直接危及人身安全的紧急情况时，现场负责人有权停止作业并组织人员在作业现场等候领导指示。

答：×。

解析：在线路作业现场，发现直接危及人身安全的紧急情况时，现场负责人有权停止作业并组织人员撤离作业现场。

出处：GB 26859—2011《电力安全工作规程 电力线路部分》4.4.2。

104. 野外线路作业时，应根据野外工作特点做好工作准备，对工作环境的危险点进行排查，并做好记录。

答：×。

解析：野外线路作业时，应根据野外工作特点做好工作准备，对工作环境的危险点进行排查，并做好防范措施。

出处：GB 26859—2011《电力安全工作规程 电力线路部分》4.4.2。

105. 野外线路作业时，应根据野外工作特点做好工作准备，对工作环境的危险点进行排查，并做好防范措施。

答：√。

解析：野外线路作业时，应根据野外工作特点做好工作准备，对工作环境的危险点进行排查，并做好防范措施。

出处：GB 26859—2011《电力安全工作规程 电力线路部分》4.4.2。

106. 带电作业工器具应根据使用情况安排试验。

答：×。

解析：带电作业工器具应按规定定期进行试验。

出处：GB 26859—2011《电力安全工作规程 电力线路部分》11.3.5。

107. 带电作业工器具应按规定定期进行试验。

答：√。

解析：带电作业工器具应按规定定期进行试验。

出处：GB 26859—2011《电力安全工作规程 电力线路部分》11.3.5。

108. 高空作业车是指高空作业平台的底盘为定制道路车辆，并有车辆驾驶员操纵其移动的设备。

答：×。

解析：高空作业车是指高空作业平台的底盘为定型道路车辆，并有车辆驾驶员操纵其移动的设备。

出处：GB/T 9465—2008《高空作业车》3.1。

109. 高空作业车是指高空作业平台的底盘为定型道路车辆，并有车辆驾驶员操纵其移动的设备。

答：√。

解析：高空作业车是指高空作业平台的底盘为定型道路车辆，并有车辆驾驶员操纵其移动的设备。

出处：GB/T 9465—2008《高空作业车》3.1。

110. 2 级绝缘鞋（靴）适用的电压等级为 10kV。

答：×。

解析：2 级绝缘鞋（靴）适用的电压等级为 6kV 或 1kV。

出处：DL/T 676—2012《带电作业用绝缘鞋（靴）通用技术条件》4.1。

111. 斗臂车进库之前，应立即将工具、设备从斗中取出，材料可储存在工作斗内，方便工作使用。

答：×。

解析：斗臂车进库之前，应立即将工具、设备和材料从斗中取出。

出处：DL/T 854—2004《带电作业用绝缘斗臂车的保养维护及在使用中的试验》5.2。

112. 胶面绝缘鞋（靴）应进行预湿处理，在温度为（20±2）℃、相对湿度为（55±5）%的环境中预置（16±0.5）h。

答：×。

解析：胶面绝缘鞋（靴）应进行预湿处理，在温度为（23±2）℃、相对湿度为（50±5）%的环境中预置（16±0.5）h。

出处：DL/T 676—2012《带电作业用绝缘鞋（靴）通用技术条件》6.1。

113. 绝缘鞋（靴）的保存环境温度宜为 10～28℃。

答：√。

解析：绝缘鞋（靴）的保存环境温度宜为 10～28℃。

出处：DL/T 676—2012《带电作业用绝缘鞋（靴）通用技术条件》B1。

114. 电极间隙是从接地电极至高压电极之间的最短路径。

答：×。

解析：电极间隙是从高压电极至接地电极之间的最短路径。

出处：DL/T 975—2005《带电作业用防机械刺穿手套》3.2。

115. 所有型号的绝缘手套，长度允许偏差为±10.0mm。

答：×。

解析：所有型号的绝缘手套，长度允许偏差为±15.0mm。

出处：DL/T 975—2005《带电作业用防机械刺穿手套》6.2.1。

116. 绝缘手套试验的一般要求，均应在温度为（20±2）℃、相对湿度为（55±5）%的环境中进行（2±0.2）h 的预处理。

答：×。

解析：绝缘手套试验的一般要求，均应在温度为（23±2）℃、相对湿度为（50±5）%的环境中进行（2±0.2）h 的预处理。

出处：DL/T 975—2005《带电作业用防机械刺穿手套》7.1。

117. C 型防机械刺穿绝缘手套的最佳使用温度可为－40～+55℃。

答：√。

解析：C 型防机械刺穿绝缘手套的最佳使用温度可为－40～+55℃。

DL/T 975—2005《带电作业用防机械刺穿手套》C3。

118. 带电作业工具及防护用具应根据工具类型分区存放，各存放区可有不同的温度要求。

答：√。

解析：带电作业工具及防护用具应根据工具类型分区存放，各存放区可有不同的温度要求。

出处：DL/T 974—2005《带电作业用工具库房》5.2。

119. 带电工具库房内空气相对湿度不应大于 80%。

答：×。

解析：带电工具库房内空气相对湿度不应大于 60%。

出处：DL/T 974—2005《带电作业用工具库房》5.1。

120. 高空作业平台是用来运送人员、工具和材料到指定位置进行工作的设备，包括带控制器的工作平台、伸展结构和底盘。

答： √。

解析： 高空作业平台是用来运送人员、工具和材料到指定位置进行工作的设备，包括带控制器的工作平台、伸展结构和底盘。

出处： GB/T 9465—2008《高空作业车》3.2。

121. 高空作业车的最低工作平台高度是指工作平台收回到行驶状态下承载面与地面之间的最小垂直距离。

答： ×。

解析： 高空作业车的最低工作平台高度是指工作平台收回到行驶状态下承载面与作业车支撑面之间的最小垂直距离。

出处： GB/T 9465—2008《高空作业车》3.5。

122. 高空作业车的最低工作平台高度是指工作平台收回到行驶状态下承载面与作业车支撑面之间的最小垂直距离。

答： √。

解析： 高空作业车的最低工作平台高度是指工作平台收回到行驶状态下承载面与作业车支撑面之间的最小垂直距离。

GB/T 9465—2008《高空作业车》3.5。

123. 高空作业车最大作业幅度指最大平台幅度与作业人员可以进行安全作业所能达到的最大水平距离（0.6m）之和。

答： √。

解析： 高空作业车最大作业幅度指最大平台幅度与作业人员可以进行安全作业所能达到的最大水平距离（0.6m）之和。

出处： GB/T 9465—2008《高空作业车》3.8。

124. 高空作业车最大作业幅度指最大平台幅度与作业人员可以进行安全作业所能达到的最大水平距离（0.7m）之和。

答： ×。

解析： 高空作业车最大作业幅度指最大平台幅度与作业人员可以进行安全作业所能达到的最大水平距离（0.6m）之和。

出处： GB/T 9465—2008《高空作业车》3.8。

125. 高空作业车无相对运动部位，不应有漏油、漏水、漏气现象，在连续作业过程中，各相对运动的部件，不应有漏油现象。

答：√。

解析：高空作业车无相对运动部位，不应有漏油、漏水、漏气现象，在连续作业过程中，各相对运动的部件，不应有漏油现象。

出处：GB/T 9465—2008《高空作业车》5.1.7。

126. 高空作业车无相对运动部位，不应有漏油、漏水、漏气现象，在连续作业过程中，各相对运动的部件，不应有漏水现象。

答：×。

解析：高空作业车无相对运动部位，不应有漏油、漏水、漏气现象，在连续作业过程中，各相对运动的部件，不应有漏油现象。

出处：GB/T 9465—2008《高空作业车》5.1.7。

127. 作业车在坚固的水平地面上，支腿外伸，平台承载额定荷载，伸展机构伸展到整车稳定性最不利状态时紧急制动，允许一个支腿离地。

答：×。

解析：作业车在坚固的水平地面上，支腿外伸，平台承载额定荷载，伸展机构伸展到整车稳定性最不利状态时紧急制动，任一支腿不应离地。

出处：GB/T 9465—2008《高空作业车》5.2.3。

128. 作业车在坚固的水平地面上，支腿外伸，平台承载额定荷载，伸展机构伸展到整车稳定性最不利状态时紧急制动，任一支腿不应离地。

答：√。

解析：作业车在坚固的水平地面上，支腿外伸，平台承载额定荷载，伸展机构伸展到整车稳定性最不利状态时紧急制动，任一支腿不应离地。

出处：GB/T 9465—2008《高空作业车》5.2.3。

129. 高空作业车作业平台的起升、下降速度不应大于 0.5m/s。

答：×。

解析：高空作业车作业平台的起升、下降速度不应大于 0.4m/s。

出处：GB/T 9465—2008《高空作业车》5.7.2。

130. 高空作业车作业平台的起升、下降速度不应大于 0.4m/s。

答：√。

解析：高空作业车作业平台的起升、下降速度不应大于 0.4m/s。

出处：GB/T 9465—2008《高空作业车》5.7.2。

131. 带有回转机构的作业车最大回转速度不大于 2r/min，启动、制动应平稳、准确，无抖动、晃动现象，在行驶状态时，回转部分不应产生相对运动。

答：√。

解析：带有回转机构的作业车最大回转速度不大于 2r/min，启动、制动应平稳、准确，无抖动、晃动现象，在行驶状态时，回转部分不应产生相对运动。

出处：GB/T 9465—2008《高空作业车》5.7.3。

132. 带有回转机构的作业车最大回转速度不大于 2r/min，启动、制动应平稳、准确，无抖动、晃动现象，在行驶状态时，回转部分不应产生相对运动。

答：×。

解析：带有回转机构的作业车最大回转速度不大于 2r/min，启动、制动应平稳、准确，无抖动、晃动现象，在行驶状态时，回转部分可根据需要做适当相对运动。

出处：GB/T 9465—2008《高空作业车》5.7.3。

133. 登杆脚扣整体静负荷试验，施加 1176N 静压力，持续时间 3min，卸载后活动钩应符合外观检查要求，其他受力部位无影响正常工作的变形和其他可见的缺陷。

答：×。

解析：登杆脚扣整体静负荷试验，施加 1176N 静压力，持续时间 5min，卸载后活动钩应符合外观检查要求，其他受力部位无影响正常工作的变形和其他可见的缺陷。

出处：DL/T 1476—2015《电力安全工器具预防性试验规程》表 18。

134. 登杆脚扣整体静负荷试验，施加 1176N 静压力，持续时间 5min，卸载后活动钩应符合外观检查要求，其他受力部位无影响正常工作的变形和其他可见的缺陷。

答：√。

解析：登杆脚扣整体静负荷试验，施加 1176N 静压力，持续时间 5min，卸载后活动钩应符合外观检查要求，其他受力部位无影响正常工作的变形和其他可见的缺陷。

出处：DL/T 1476—2015《电力安全工器具预防性试验规程》表 18。

135. 速差自控器的试验方法是将速差器钢丝绳（或合成纤维带）在其全行程中任选 3 处，进行拉出、制动。

答：×。

解析：速差自控器的试验方法是将速差器钢丝绳（或合成纤维带）在其全行程中任选 5 处，进行拉出、制动。

出处：DL/T 1476—2015《电力安全工器具预防性试验规程》6.1.4.3。

136. 速差自控器的试验方法是将速差器钢丝绳（或合成纤维带）在其全行程中任选 5 处，进行拉出、制动。

答：√。

解析：速差自控器的试验方法是将速差器钢丝绳（或合成纤维带）在其全行程中任选 5 处，进行拉出、制动。

出处：DL/T 1476—2015《电力安全工器具预防性试验规程》6.1.4.3。

137. 电力安全工器具预防性试验前应对试品进行外观检查，必要时对试品进行清洁、干燥。外观检查合格，方可进行试验，试验应按先电气试验后机械试验的顺序进行。

答：×。

解析：电力安全工器具预防性试验前应对试品进行外观检查，必要时对试品进行清洁、干燥。外观检查合格，方可进行试验，试验应按先机械试验后电气试验的顺序进行。

DL/T 1476—2015《电力安全工器具预防性试验规程》5.3。

138. 电力安全工器具预防性试验前应对试品进行外观检查，必要时对试品进行清洁、干燥。外观检查合格，方可进行试验，试验应按先机械试验后电气试验的顺序进行。

答：√。

解析：电力安全工器具预防性试验前应对试品进行外观检查，必要时对试品进行清洁、干燥。外观检查合格，方可进行试验，试验应按先机械试验后电气试验的顺序进行。

出处：DL/T 1476—2015《电力安全工器具预防性试验规程》5.3。

139. 个人保安线采用电流－电压表法的直流电压降法方式来测量，试验电流不应小于 10A。

答：×。

解析：个人保安线采用电流–电压表法的直流电压降法方式来测量，试验电流不应小于 30A。

出处：DL/T 1476—2015《电力安全工器具预防性试验规程》6.1.8.3。

140. 人保安线采用电流–电压表法的直流电压降法方式来测量，试验电流不应小于 30A。

答：√。

解析：个人保安线采用电流–电压表法的直流电压降法方式来测量，试验电流不应小于 30A。

出处：DL/T 1476—2015《电力安全工器具预防性试验规程》6.1.8.3。

141. 绝缘隔板试验时，绝缘隔板上下安装长 70mm、宽 30mm 的金属极板，两电极之间的距离为 150mm。

答：×。

解析：绝缘隔板试验时，绝缘隔板上下安装长 70mm、宽 30mm 的金属极板，两电极之间的距离为 300mm。

出处：DL/T 1476—2015《电力安全工器具预防性试验规程》6.2.6.3。

142. 绝缘隔板试验时，绝缘隔板上下安装长 70mm、宽 30mm 的金属极板，两电极之间的距离为 300mm。

答：√。

解析：绝缘隔板试验时，绝缘隔板上下安装长 70mm、宽 30mm 的金属极板，两电极之间的距离为 300mm。

出处：DL/T 1476—2015《电力安全工器具预防性试验规程》6.2.6.3。

143. 绝缘手套的外观检查，内外表面均应平滑、完好无损，无划痕、裂缝、折缝和空洞。

答：×。

解析：绝缘手套的外观检查，绝缘手套应质地柔软良好，内外表面均应平滑、完好无损，无划痕、裂缝、折缝和空洞。

出处：DL/T 1476—2015《电力安全工器具预防性试验规程》6.3.1.1。

144. 绝缘手套的外观检查，绝缘手套应质地柔软良好，内外表面均应平滑、完好无损，无划痕、裂缝、折缝和空洞。

答：√。

解析：绝缘手套的外观检查，绝缘手套应质地柔软良好，内外表面均应平滑、完好无损，无划痕、裂缝、折缝和空洞。

出处：DL/T 1476—2015《电力安全工器具预防性试验规程》6.3.1.1。

145. 升降型检修平台起升作用的牵引绳索必须采用非导电材料，且应无灼伤、脆裂、断股、霉变和扭结。

答：×。

解析：升降型检修平台起升作用的牵引绳索宜采用非导电材料，且应无灼伤、脆裂、断股、霉变和扭结。

出处：DL/T 1476—2015《电力安全工器具预防性试验规程》6.4.6.1。

146. 升降型检修平台起升作用的牵引绳索宜采用非导电材料，且应无灼伤、脆裂、断股、霉变和扭结。

答：√。

解析：升降型检修平台起升作用的牵引绳索宜采用非导电材料，且应无灼伤、脆裂、断股、霉变和扭结。

出处：DL/T 1476—2015《电力安全工器具预防性试验规程》6.4.6.1。

147. 使人不发生心室颤动的最大人体电流称为感知电流。

答：×。

解析：使人不发生心室颤动的最大人体电流称为人体安全电流。

出处：GB/T 14286—2008《带电作业工具设备术语》2.1.1.20。

148. 使人不发生心室颤动的最大人体电流称为人体安全电流。

答：√。

解析：使人不发生心室颤动的最大人体电流称为人体安全电流。

出处：GB/T 14286—2008《带电作业工具设备术语》2.1.1.20。

149. 组合间隙为由两个及以上绝缘（空气）间隙串联组合的总间隙。

答：√。

解析：组合间隙为由两个及以上绝缘（空气）间隙串联组合的总间隙。

出处：GB/T 14286—2008《带电作业工具设备术语》2.1.1.27。

150. 组合间隙为由两个及以上绝缘（空气）间隙并联组合的总间隙。

答：×。

解析：组合间隙为由两个及以上绝缘（空气）间隙串联组合的总间隙。

出处：GB/T 14286—2008《带电作业工具设备术语》2.1.1.27。

151. 对绝缘工具分段、按规定系数加电压的试验称为分段电压试验。

答：√。

解析：对绝缘工具分段、按规定系数加电压的试验称为分段电压试验。

出处：GB/T 14286—2008《带电作业工具设备术语》2.1.1.29。

152. 对绝缘工具分段、按绝缘材料加电压的试验称为分段电压试验。

答：×。

解析：对绝缘工具分段、按规定系数加电压的试验称为分段电压试验。

出处：GB/T 14286—2008《带电作业工具设备术语》2.1.1.29。

153. 人体允许活动范围指带电作业时，人体允许活动的最小距离。

答：√。

解析：人体允许活动范围指带电作业时，人体允许活动的最小距离。

出处：GB/T 14286—2008《带电作业工具设备术语》2.1.9.4。

154. 人体允许活动范围指带电作业时，人体允许活动的最大距离。

答：×。

解析：人体允许活动范围指带电作业时，人体允许活动的最小距离。

出处：GB/T 14286—2008《带电作业工具设备术语》2.1.9.4。

155. 手持区域是标记在绝缘工具上允许手持该工具的距离。

答：×。

解析：手持区域是标记在包覆绝缘工具或绝缘工具上允许手持该工具的距离。

出处：GB/T 14286—2008《带电作业工具设备术语》2.1.9.5。

156. 手持区域是标记在包覆绝缘工具或绝缘工具上允许手持该工具的距离。

答：√。

解析：手持区域是标记在包覆绝缘工具或绝缘工具上允许手持该工具的距离。

出处：GB/T 14286—2008《带电作业工具设备术语》2.1.9.5。

157. 棘轮扳手是带可卸套筒，用于松紧螺帽和螺栓的工具。

答：√。

解析：棘轮扳手是带可卸套筒，用于松紧螺帽和螺栓的工具。

出处：GB/T 14286—2008《带电作业工具设备术语》2.3.1.7。

158. 棘轮扳手是安装固定套筒，用于松紧螺帽和螺栓的工具。

答：×。

解析：棘轮扳手是带可卸套筒，用于松紧螺帽和螺栓的工具。

出处：GB/T 14286—2008《带电作业工具设备术语》2.3.1.7。

159. 羊角钩是用于绑扎扎线或绝缘包皮的工具。

答：√。

解析：羊角钩是用于绑扎扎线或绝缘包皮的工具。

出处：GB/T 14286—2008《带电作业工具设备术语》2.3.1.19。

160. 羊角钩是用于绑扎扎线的工具。

答：×。

解析：羊角钩是用于绑扎扎线或绝缘包皮的工具。

出处：GB/T 14286—2008《带电作业工具设备术语》2.3.1.19。

161. 导电延伸元件是位于绝缘棒与导电线夹之间的硬导体，是接地绞线或接地和短路绞线的延伸体。

答：√。

解析：导电延伸元件是位于绝缘棒与导电线夹之间的硬导体，是接地绞线或接地和短路绞线的延伸体。

出处：GB/T 14286—2008《带电作业工具设备术语》2.14.9。

162. 带电接头是用来固定导线端头的接头。

答：×。

解析：反扣接头是用来固定导线端头的接头。

出处：GB/T 14286—2008《带电作业工具设备术语》2.11.2.1。

163. 液压软管的作用是用来压接各种套管和连接管的压力钳。

答：×。

解析：液压钳的作用是用来压接各种套管和连接管的压力钳。

出处：GB/T 14286—2008《带电作业工具设备术语》2.11.1.3。

164. 火花间隙的作用是用来检测低、零值绝缘子的装置。

答：√。

解析：火花间隙的作用是用来检测低、零值绝缘子的装置。

出处：GB/T 14286—2008《带电作业工具设备术语》2.10.2.6。

165. 双端头带电作业工具应制成包覆绝缘工具而不应制成绝缘工具。

答：×。

解析：双端头带电作业工具应制成绝缘工具而不应制成包覆绝缘工具。

出处：GB/T 18269—2008《交流 1kV、直流 1.5kV 及以下电压等级带电作业用绝缘手工工具》4.1.9。

166. 通过电气试验后的包覆绝缘工具应进行压痕试验。工具上所有绝缘包覆层都应进行压痕试验。

答：√。

解析：通过电气试验后的包覆绝缘工具应进行压痕试验。工具上所有绝缘包覆层都应进行压痕试验。

出处：GB/T 18269—2008《交流 1kV、直流 1.5kV 及以下电压等级带电作业用绝缘手工工具》5.5。

167. 绝缘手工工具和包覆绝缘层的手工工具应当与其他工具分开贮存以避免电气损伤和混淆，应妥善贮存在干燥、通风，避免阳光直晒，无腐蚀有害物质的位置，并应与污染源保持一定的距离。

答：×。

解析：绝缘手工工具和包覆绝缘层的手工工具应当与其他工具分开贮存以避免机械损伤和混淆，应妥善贮存在干燥、通风，避免阳光直晒，无腐蚀有害物质的位置，并应与热源保持一定的距离。

出处：GB/T 18269—2008《交流 1kV、直流 1.5kV 及以下电压等级带电作业用绝缘手工工具》7.4。

168. 长袖复合绝缘手套是袖筒长度到腋下的复合绝缘手套。

答：√。

解析：长袖复合绝缘手套是袖筒长度到腋下的复合绝缘手套。

出处：GB/T 17622—2008《带电作业用绝缘手套》3.2。

169. 袖套是从手套的手掌至手套开口的部分。

答：×。

解析：袖套是从手套的手腕至手套开口的部分

出处：GB/T 17622—2008《带电作业用绝缘手套》3.4。

170. 绝缘手套按电气性能分为以下几种类型：0、1、2、3、4 五个级，适用于不同电压等级的手套。

答：√。

解析：绝缘手套按电气性能分为以下几种类型：0、1、2、3、4 五个级，适用于不同电压等级的手套。

出处：GB/T 17622—2008《带电作业用绝缘手套》4.2。

171. GB/T 18037—2008《带电作业工具基本技术要求与设计导则》中，用于承力工具的金属材料，除高强度铝合金外，可以适当使用其他脆性金属材料（例如一般的铸铁）。

答：×。

解析：GB/T 18037—2008《带电作业工具基本技术要求与设计导则》中，用于承力工具的金属材料，除高强度铝合金外，不允许使用其他脆性金属材料（例如一般的铸铁）。

出处：GB/T 18037—2008《带电作业工具基本技术要求与设计导则》4.4.1。

172. GB/T 18037—2008《带电作业工具基本技术要求与设计导则》中，10kV 及以下通用小工具应全部使用绝缘材料制作，或者采用金属骨架外包绝缘护套的复合材料制作。

答：×。

解析：GB/T 18037—2008《带电作业工具基本技术要求与设计导则》中，10kV 及以下通用小工具应尽可能绝缘材料制作，或者采用金属骨架外包绝缘护套的复合材料制作。

出处：GB/T 18037—2008《带电作业工具基本技术要求与设计导则》4.4.7。

173. GB/T 18037—2008《带电作业工具基本技术要求与设计导则》中，10kV 及以下通用小工具应尽可能绝缘材料制作，或者采用金属骨架外包绝缘护套的复合材料制作。

答：√。

解析：GB/T 18037—2008《带电作业工具基本技术要求与设计导则》中，10kV 及以下通用小工具应尽可能绝缘材料制作，或者采用金属骨架外包绝缘护套的复合材料制作。

出处：GB/T 18037—2008《带电作业工具基本技术要求与设计导则》4.4.7。

174. GB/T 18037—2008《带电作业工具基本技术要求与设计导则》中，消弧绳一般选用具有阻燃性的蚕丝或者棉纶绳制作，其引流段应选用编制软铜线或铝线制作，导电滑车应部分选用导电性能良好的金属材料制作。

答：×。

解析：GB/T 18037—2008《带电作业工具基本技术要求与设计导则》中，消弧绳一般选用具有阻燃性和防潮性的蚕丝或者棉纶绳制作，其引流段应选用编制软铜线制作，导电滑车应全部选用导电性能良好的金属材料制作。

出处：GB/T 18037—2008《带电作业工具基本技术要求与设计导则》4.4.9。

175. 绝缘袖套的机械性试验前应将试品预置在温度为（23±2）℃、相对湿度（50±5）%的环境中 12h。

答：×。

解析：绝缘袖套的机械性试验前应将试品预置在温度为（23±2）℃、相对湿度（50±5）%的环境中 24h。

出处：DL 778—2001《带电作业用绝缘袖套》6.3.1。

176. 绝缘袖套热老化试验中，加热周期结束后，从恒温器中取出试品，冷却时间不少于 20h。

答：×。

解析：绝缘袖套热老化试验中，加热周期结束后，从恒温器中取出试品，冷却时间不少于 16h。

出处：DL 778—2001《带电作业用绝缘袖套》6.5。

177. 绝缘袖套热老化试验中，加热周期结束后，从恒温器中取出试品，冷却时间不少于 16h。

答：√。

解析：绝缘袖套热老化试验中，加热周期结束后，从恒温器中取出试品，冷却时间不少于16h。

出处：DL 778—2001《带电作业用绝缘袖套》6.5。

178. 绝缘袖套的耐燃试验，当燃气灯退出后，观察试品上的火焰蔓延，观察时间为60s，如果在此时间内，火焰没有扩散至基准线，则认为耐燃试验通过。

答：×。

解析：绝缘袖套的耐燃试验，当燃气灯退出后，观察试品上的火焰蔓延，观察时间为 55s，如果在此时间内，火焰没有扩散至基准线，则认为耐燃试验通过。

出处：DL 778—2001《带电作业用绝缘袖套》6.6。

179. 绝缘垫上下表面不应存在破坏均匀性、损坏表面光滑轮廓的有害不规则缺陷，如小孔、裂缝、局部隆起、切口、夹杂导电异物、折缝、空隙、凹凸波纹及模压标志等。

答：√。

解析：绝缘垫上下表面不应存在破坏均匀性、损坏表面光滑轮廓的有害不规则缺陷，如小孔、裂缝、局部隆起、切口、夹杂导电异物、折缝、空隙、凹凸波纹及模压标志等。

出处：DL/T 853—2015《带电作业用绝缘垫》6.4.1。

180. 绝缘垫每次使用前都要对每张绝缘垫的上、下表面进行外观检查。如果发现绝缘垫存在可能影响安全性能的缺陷，应禁止使用，并应对绝缘垫进行试验。

答：√。

解析：绝缘垫每次使用前都要对每张绝缘垫的上、下表面进行外观检查。如果发现绝缘垫存在可能影响安全性能的缺陷，应禁止使用，并应对绝缘垫进行试验。

出处：DL/T 853—2015《带电作业用绝缘垫》C2。

181. 绝缘垫使用于环境温度介于－25～+55℃ 的区域。而C型绝缘垫可用的环境温度介于－45～+55℃的区域。

答：×。

解析：绝缘垫使用于环境温度介于－25～+55℃的区域。而 C 型绝缘垫可用的环境温度介于－40～+55℃的区域。

出处：DL/T 853—2015《带电作业用绝缘垫》C3。

182. 绝缘垫应避免不必要地暴露在高温、阳光下，也要尽量避免和机油、油脂、变压器油、工业乙醇以及强酸强碱物质接触；应避免尖锐物体刺、划。

答：√。

解析：绝缘垫应避免不必要地暴露在高温、阳光下，也要尽量避免和机油、油脂、变压器油、工业乙醇以及强酸强碱物质接触；应避免尖锐物体刺、划。

出处：DL/T 853—2015《带电作业用绝缘垫》C4。

183. 当绝缘垫脏污时，可在不超过制造厂家推荐的水温下对其用酒精进行清洗，再用滑石粉让其干燥。

答：×。

解析：当绝缘垫脏污时，可在不超过制造厂家推荐的水温下对其用肥皂进行清洗，再用滑石粉让其干燥。

出处：DL/T 853—2015《带电作业用绝缘垫》C4。

184. 每 6 个月应对绝缘垫进行一次例行试验，一直贮藏不曾使用的绝缘垫可超期使用。

答：×。

解析：每 6 个月应对绝缘垫进行一次例行试验，不允许使用超过试验有效期的绝缘垫（即使一直贮藏不曾使用）。

出处：DL/T 853—2015《带电作业用绝缘垫》C5。

185. 绝缘遮蔽罩起遮蔽的保护作用，防止作业人员与带电体发生直接碰触。

答：×。

解析：绝缘遮蔽罩起遮蔽或隔离的保护作用，防止作业人员与带电体发生直接碰触。

出处：DL/T 800—2004《带电作业用导线软质遮蔽罩》3.1。

186. 导线软质遮蔽罩是采用橡胶类材料、软质颜料类材料等柔性绝缘材料制成的导线遮蔽罩。

答： √。

解析： 导线软质遮蔽罩是采用橡胶类材料、软质颜料类材料等柔性绝缘材料制成的导线遮蔽罩。

出处： DL/T 800—2004《带电作业用导线软质遮蔽罩》3.3。

187. 导线软质遮蔽罩是采用塑料类材料、软质橡胶类材料等柔性绝缘材料制成的导线遮蔽罩。

答： ×。

解析： 导线软质遮蔽罩是采用橡胶类材料、软质塑料类材料等柔性绝缘材料制成的导线遮蔽罩。

出处： DL/T 800—2004《带电作业用导线软质遮蔽罩》3.3。

188. 带电作业用导线软质遮蔽罩应避免不必要地暴露在高温下，可以长时间的暴露在阳光下，也要尽量避免和机油、油脂、变压器油、工业乙醇以及强酸接触。

答： ×。

解析： 带电作业用导线软质遮蔽罩也要尽量避免和机油、油脂、变压器油、工业乙醇以及强酸接触。

出处： DL/T 800—2004《带电作业用导线软质遮蔽罩》D4。

189. 带电作业用导线软质遮蔽罩的机械试验一般要求，试验前应将试品预置在温度为（23±2）℃、相对湿度为（50±5）%的环境中 12h。

答： ×。

解析： 带电作业用导线软质遮蔽罩的机械试验一般要求，试验前应将试品预置在温度为（23±2）℃、相对湿度为（50±5）%的环境中 24h。

出处： DL/T 800—2004《带电作业用导线软质遮蔽罩》7.3.1。

190. 带电作业用导线软质遮蔽罩的机械试验一般要求，试验前应将试品预置在温度为（23±2）℃、相对湿度为（50±5）%的环境中 24h。

答： √。

解析： 带电作业用导线软质遮蔽罩的机械试验一般要求，试验前应将试品预置在温度为（23±2）℃、相对湿度为（50±5）%的环境中 24h。

出处： DL/T 800—2004《带电作业用导线软质遮蔽罩》7.3.1。

191. 带电作业用导线软质遮蔽罩的试验条件为温度 15～21℃，相对湿度 45%～75%，气压 86～106kPa。

答：×。

解析：带电作业用导线软质遮蔽罩的试验条件为温度 15～35℃，相对湿度 45%～75%，气压 86～106kPa。

出处：DL/T 800—2004《带电作业用导线软质遮蔽罩》7.1。

192. 绝缘绳索的断裂强度为绳索断裂时测得的最大拉力。

答：×。

解析：绝缘绳索的断裂强度为绳索断裂时测得的最大张力。

出处：GB/T 13035—2008《带电作业用绝缘绳索》3.3。

193. 绝缘绳索的伸长率为当外加拉力由测量张力值增至绳索额定断裂强度规定值的 80%时，绳索的长度增加率。

答：×。

解析：绝缘绳索的伸长率为当外加拉力由测量张力值增至绳索额定断裂强度规定值的 75%时，绳索的长度增加率。

出处：GB/T 13035—2008《带电作业用绝缘绳索》3.4。

194. 高机械强度绝缘绳索为采用高强度合成纤维材料制成，较常规强度绝缘绳索的断裂强度增高 2 倍以上的绝缘绳索。

答：×。

解析：高机械强度绝缘绳索为采用高强度合成纤维材料制成，较常规强度绝缘绳索的断裂强度增高 1 倍以上的绝缘绳索。

出处：GB/T 13035—2008《带电作业用绝缘绳索》3.7。

195. 防潮型绝缘绳索因具有良好的防潮性能，不用放在带电作业工具房内保管。

答：×。

解析：防潮型绝缘绳索也应放在干燥、通风的带电作业工具房内保管。

出处：GB/T 13035—2008《带电作业用绝缘绳索》9.4。

196. 已潮湿的绝缘绳索应进行干燥处理，但干燥的温度不宜超过 80℃。

答：×。

解析：对已潮湿的绝缘绳索应进行干燥处理，但干燥的温度不宜超过 65℃。

出处：GB/T 13035—2008《带电作业用绝缘绳索》E3。

197. 绝缘绳索禁止贮存在阳光或有其他光源直射的地方，禁止贮存在热源附近。

答：√。

解析：绝缘绳索禁止贮存在阳光或有其他光源直射的地方，禁止贮存在热源附近。

出处：GB/T 13035—2008《带电作业用绝缘绳索》E5。

198. 带电作业用绝缘硬梯的基本段长度应在 2000～6000mm 之间，允许偏差为±5mm

答：×。

解析：带电作业用绝缘硬梯的基本段长度应在 2000～6200mm 之间，允许偏差为±5mm。

出处：GB/T 17620—2008《带电作业用绝缘梯》5.2.1。

199. 带电作业用绝缘硬梯的加长段长度应在 2000～6200mm 之间，允许偏差为±5mm。

答：√。

解析：带电作业用绝缘硬梯的加长段长度应在 2000～6200mm 之间，允许偏差为±5mm。

出处：GB/T 17620—2008《带电作业用绝缘梯》5.2.2。

200. 带电作业用绝缘硬梯，梯梁的轴距应在 280～400mm 之间，连接装置的轴距也应与此相同。

答：√。

解析：带电作业用绝缘硬梯，梯梁的轴距应在 280～400mm 之间，连接装置的轴距也应与此相同。

出处：GB/T 17620—2008《带电作业用绝缘梯》5.2.3。

201. 硬梯的基本段、挂钩及连接装置不可以为导电部分。

答：×。

解析：硬梯的基本段、挂钩及连接装置都可以为导电部分

出处：GB/T 17620—2008《带电作业用绝缘梯》5.4.1。

202. 带电作业用绝缘梯及其材料都必须通过型式试验。没有通过型式试验

的硬梯应拒绝使用。

答：√。

解析：带电作业用绝缘梯及其材料都必须通过型式试验。没有通过型式试验的硬梯应拒绝使用。

出处：GB/T 17620—2008《带电作业用绝缘梯》7.1。

203. 带电作业用绝缘毯应为绝缘的橡胶类、塑胶类或其他绝缘材料，采用无缝工艺制成。带电作业用绝缘毯上的孔眼必须采用非金属材料加固边缘，直径宜为8mm。

答：√。

解析：带电作业用绝缘毯应为绝缘的橡胶类、塑胶类或其他绝缘材料，采用无缝工艺制成。带电作业用绝缘毯上的孔眼必须采用非金属材料加固边缘，直径宜为8mm。

出处：DL/T 803—2015《带电作业用绝缘毯》4。

204. 带电作业用绝缘毯在进行抗撕裂实验前，从被试带电作业用绝缘毯上截取4个矩形试品，2件从绝缘毯长边截取，另2件从宽边截取，并置于温度为（23±0.5）℃、相对湿度为（50±5）%的环境中48h。

答：×。

解析：带电作业用绝缘毯在进行抗撕裂实验前，从被试带电作业用绝缘毯上截取4个矩形试品，2件从带电作业用绝缘毯长边截取，另2件从宽边截取，并置于温度为（23±0.5）℃、相对湿度为（50±5）%的环境中24h。

出处：DL/T 803—2015《带电作业用绝缘毯》7.3.5。

205. 绝缘毯对于形式试验和抽样试验，在电气试验前，绝缘毯应浸在水中预置（16±0.5）h，例行试验不需在水中预置。

答：√。

解析：绝缘毯对于形式试验和抽样试验，在电气试验前，绝缘毯应浸在水中预置（16±0.5）h，例行试验不需在水中预置。

出处：DL/T 803—2015《带电作业用绝缘毯》7.4.1。

206. 绝缘毯老化试验中，应先在空气恒温器中每小时交换3～10次的空气环流，输入的空气温度应为（25±2）℃。

答：×。

解析：绝缘毯老化试验中，应先在空气恒温器中每小时交换 3～10 次的空气环流，输入的空气温度应为（70±2）℃。

出处：DL/T 803—2015《带电作业用绝缘毯》7.5。

207. A 型、H 型绝缘毯做完特殊性能绝缘毯的试验时，还需要将其中一件试品进行拉伸强度和拉断伸长率的试验。

答：√。

解析：A 型、H 型绝缘毯做完特殊性能绝缘毯的试验时，还需要将其中一件试品进行拉伸强度和拉断伸长率的试验。

出处：DL/T 803—2015《带电作业用绝缘毯》8.2、8.3。

208. 带电作业用绝缘靴是绝缘材料制成、带有防滑底的鞋，用来防止工作人员脚部触电。

答：×。

解析：带电作业用绝缘靴是绝缘材料制成、带有防滑底的靴，用来防止工作人员脚部触电。

出处：DL/T 676—2012《带电作业用绝缘鞋（靴）通用技术条件》3.2。

209. 在线路作业现场，发现直接危及人身安全的紧急情况时，现场负责人有权停止作业并组织人员撤离作业现场。

答：√。

解析：在线路作业现场，发现直接危及人身安全的紧急情况时，现场负责人有权停止作业并组织人员撤离作业现场。

出处：GB 26859—2011《电力安全工作规程 电力线路部分》4.4.2。

210. 车库的加热器一般应安装在斗臂车下部及便于烘烤斗臂的部位，顶部不需要安装加热器。

答：×。

解析：车库的加热器一般应安装在便于烘烤斗臂的部位或顶部，下部不需要安装加热器。

出处：DL/T 974—2018《带电作业用工具库房》5.8。

211. 隔离开关能关合、承载、开断运行回路正常电流，也能在规定时间内关合、承载、开断规定的过载电流（包括短路电流）的开关设备。

答：×。

解析：断路器能关合、承载、开断运行回路正常电流，也能在规定时间内关合。

出处：GB 26859—2011《电力安全工作规程 电力线路部分》3.8。

第四章 简 答 题

1. 绝缘挡板的作用？

答：在特定区域用来限制接近带电部分的绝缘装置。

出处：GB/T 14286—2008《带电作业工具设备术语》2.4.1.8。

2. 带电作业的定义是什么？

答：带电作业指在带电的电力装置上进行作业或接近带电部分所进行的各种作业，特别是工作人员身体的任何部分或采用工具、装置或仪器进入限定的带电作业区域的所有作业。

出处：GB/T 14286—2008《带电作业工具设备术语》2.1.1.1。

3. 高空作业车长期停用时应按什么要求进行贮存？

答：① 应将支腿放下，使轮胎支离地面，将燃料和水放尽，切断电路、锁上驾驶室；② 作业车应停放在通风、防潮、放暴晒、无腐蚀气体侵害及有消防设施的场所；③ 作业车应按产品说明书的规定进行定期保养。

出处：GB/T 9465—2008《高空作业车》8.4。

4. 绝缘斗臂车的日常检查有哪些？

答：绝缘斗臂车的日常检查包括：

（1）外观检查：用肉眼检查绝缘部件表面的损伤情况。

（2）功能检查：斗臂车启动后，应在工作斗无人的情况下工作一个循环，这是采用的是下控制系统。检查中应注意是否有液体渗出、液压缸有无渗漏、异常噪声、工作失灵、漏油、不稳定运动或其他故障。

（3）为了保证安全，应检查并操作备用电源和紧急制动系统的灵活及可靠性，还应检验可视和音响报警装置。

（4）对于用于超高压及以上电压等级的斗臂车，其用于等电位作业部分必须检查均压环，确认等电位点。

出处：《电作业用绝缘斗臂车的保养维护及在使用中的试验》7.1.1。

5. 斗臂车在其使用寿命之内，定期检查、试验和进行的维修，均应做记录。

记录的内容至少应包括什么？

答：① 故障原因和修理措施；② 检查或试验日期；③ 进行检查、试验的人员或负责人的签名。

出处：DL/T 854—2004《带电作业用绝缘斗臂车的保养维护及在使用中的试验》9。

6. 简述绝缘袖套的作用？

答：由橡胶或其他绝缘材料制成的绝缘袖套，是保护带电作业人员接触带电体和电气设备时免遭电击的一种安全防护用具。

出处：DL/T 778—2014《带电作业用绝缘袖套》3.1。

7. 根据 GB/T 17622—2008《带电作业用绝缘手套》规定，在哪些情况下，应对绝缘手套类产品进行型式试验？

答：① 新产品投产前的定型鉴定；② 产品的结构、材料或制造工艺有较大改变，影响到产品的主要性能时；③ 原型式试验已超过 5 年时。

出处：GB/T 17622—2008《带电作业用绝缘手套》7.1。

8. 请简述 GB/T 18857—2019《配电线路带电作业技术导则》中对人员的一般要求是什么？

答：① 配电线路带电作业人员应身体健康，无妨碍作业的生理和心理障碍；② 应具有电工原理和电力线路的基本知识，掌握配电带电作业的基本原理和操作方法，熟悉作业工器具的适用范围和使用方法；③ 熟悉 GB 26859—2011《电力安全工作规程 电力线路部分》和本标准；④ 应会紧急救护法，特别是触电解救；⑤ 通过专门培训且考试合格取得资格，经批准后，方可参加相应的作业；⑥ 工作负责人（或专责监护人）应具有带电作业资格和实践工作经验，熟悉设备状况，具有一定组织能力和事故处理能力，通过专门培训且考试合格取得资格，经单位批准后，方可负责现场的监护。

出处：GB/T 18857—2019《配电线路带电作业技术导则》4.1。

9. 请简述 GB 26859—2011《电力安全工作规程 电力线路部分》中对停用重合闸或直流再启动装置，并不应强送电的要求？

答：带电作业有下列情况之一者，应停用重合闸或直流再启动装置，并不应强送电：

（1）中性点有效接地系统中可能引起单相接地的作业。

（2）中性点非有效接地系统中可能引起相间短路的作业。

（3）直流线路中可能引起单极接地或极间短路的作业。

（4）不应约时停用或恢复重合闸及直流再启动装置。

出处：GB 26859—2011《电力安全工作规程 电力线路部分》11.1.5。

10. 请简述 GB/T 18857—2019《配电线路带电作业技术导则》中对气象条件的要求？

答：（1）作业应在良好的天气下进行，作业前应进行风速和湿度测量。风力大于 10m/s 或者湿度大于 80%时，不宜作业。如遇雷、雨、雪、雾时不应作业。

（2）在特殊或者紧急条件下，必须在恶劣气候下进行带电抢修时，应针对现场气象和工作条件，组织有关工程技术人员和全体作业人员充分讨论，制定可靠的安全措施和技术措施，经批准后方可进行。夜间抢修作业应有足够的照明设施。

（3）作业过程中如遇天气突然变化，有可能危及人身或设备安全时，应立即停止工作；在保证人身安全的情况下，尽快恢复设备正常状况，或采取其他措施。

出处：GB/T 18857—2019《配电线路带电作业技术导则》4.3.1。

11. 请简述 GB/T 18857—2019《配电线路带电作业技术导则》中的工作票制度？

答：（1）应按 GB 26859—2011《电力安全工作规程 电力线路部分》中的规定，填写带电作业工作票。工作票由工作负责人按票面要求逐项填写。字迹应正确清楚，不得任意涂改。

（2）工作票的有效时间以批准检修期为限，已结束的工作票，应保存 12 个月。

（3）工作票签发人应熟悉作业人员技术水平、设备情况和本标准，具有带电作业资格和实践工作经验，经单位批准后担任。

（4）工作票签发人不得同时兼任工作的工作负责人。

出处：GB/T 18857—2019《配电线路带电作业技术导则》5.1。

12. 请简述 GB/T 18857—2019《配电线路带电作业技术导则》中的工作监

护制度？

答：（1）作业应设专人监护，工作负责人（或专责监护人）应始终在工作现场，对作业人员的安全认真监护，及时纠正违反安全的动作。

（2）工作负责人（或专责监护人）不得擅离岗位或兼任其他工作。

（3）工作负责人（或专责监护人）的监护范围不得超过一个作业点。复杂的高杆塔上的作业，必要时应增设专责监护人。

出处：GB/T 18857—2019《配电线路带电作业技术导则》5.2。

13. 请简述 GB/T 18857—2019《配电线路带电作业技术导则》中工作间断和终结制度？

答：（1）作业过程中，若因故需临时间断，在间断期间，工作现场的工具和器材应可靠固定，并保持安全隔离及派专人看守。

（2）间断工作恢复前，应检查作业现场的所有工具、器材和设备，确定安全可靠后才能重新工作。

（3）每项作业结束后，应仔细清理共组现场，工作负责人应检查设备上有无工具和材料遗留，设备是否恢复工作状态。全部工作结束后，应及时向值班调控人员或运维人员汇报。停用重合闸的作业和带电断、接引工作应向值班调控人员履行工作终结手续。

出处：GB/T 18857—2019《配电线路带电作业技术导则》5.3。

14. 请简述 GB/T 18857—2019《配电线路带电作业技术导则》中，对 10kV 带电体设置绝缘遮蔽时有哪些要求？

答：① 对带电体设置绝缘遮蔽时，应按照从近到远的原则，从离身体最近的带电体依次设置；② 对上下多回分布的带电导线设置遮蔽用具时，应按照从下到上的原则，从下层导线开始依次向上层设置；③ 对导线、绝缘子、横担的设置次序应按照从带电体到接地体的原则，先放导线遮蔽用具，再放绝缘子遮蔽用具，然后对横担进行遮蔽，遮蔽用具之间的接合处的重合长度不应小于 150mm，如果重合部分长度无法满足要求，应使用其他遮蔽用具遮蔽接合处，使其重合长度满足要求。

出处：GB/T 18857—2019《配电线路带电作业技术导则》9.14。

15. 按 GB/T 18857—2019《配电线路带电作业技术导则》中规定，更换直线杆绝缘子项目的安全事项有哪些？

答：（1）对作业范围内的带电导线、绝缘子、横担等均应进行遮蔽。

（2）可采用绝缘斗臂车小吊臂法、羊角抱杆法或吊、支杆法等进行更换，或通过导线遮蔽罩及绝缘毯将导线放置在横担上，严禁用绝缘斗臂车的斗支撑导线。

（3）拆除或绑扎绝缘子绑扎线时应边拆（绑）边卷，绑扎线的展放长度不得大于 0.1m，绑扎完毕后应剪掉多余部分。

出处：GB/T 18857—2019《配电线路带电作业技术导则》10.1。

16. 按 GB/T 18857—2019《配电线路带电作业技术导则》中规定，更换跌落式熔断器项目的安全事项有哪些？

答：（1）当配电变压器低压侧可以停电时，应用绝缘拉闸杆断开三相跌落式熔断器后再行更换。

（2）当配电变压器低压侧不能停电时，可采用专用的绝缘引流线旁路跌落式熔断器以及两端引线，在带负荷的状况下更换跌落式熔断器，绝缘引流线和两端线夹的载流容量应满足最大负荷电流的要求。

（3）更换完成后应先合上跌落式熔断器，再拆除旁路引流线。

（4）三相跌落式熔断器之间宜设置绝缘隔离工具，三相引线、绝缘子及横担处均应设置绝缘遮蔽。

（5）一相更换完毕后，应及时对其恢复遮蔽，然后再更换另一相。

出处：GB/T 18857—2019《配电线路带电作业技术导则》10.3。

17. 请简述 DL/T 877—2004《带电作业工具、装置和设备使用的一般要求》中对带电作业工具使用的一般要求？

答：使用带电作业工具的每一个人，都应该掌握以下基本要点：

（1）工具的使用范围，在何种电气装备上使用及限制，以及有关环境或作业方法。

（2）工具使用前的检查，以确保工具（电气和机械性能）完好。

（3）工具使用期的预防措施。

出处：DL/T 877—2004《带电作业工具、装置和设备使用的一般要求》5。

18. 请简述 DL/T 877—2004《带电作业工具、装置和设备使用的一般要求》中带电作业工具使用之前的检查有哪些？

答：为确保工具电气和机械性的完整，在每次使用工具之前，应仔细地检查，这些检查包括以下各点：① 工具在经贮存和运输之后应无损伤（例如：工具的绝缘表面应无孔洞、撞伤、擦伤和裂缝等）；② 工具应是洁净的；③ 工具的可拆卸部件或各组件经装配后应是完整的；④ 工具应能正确操作（例如：工具应转动灵活无卡组，锁位功能正确等）。

出处：DL/T 877—2004《带电作业工具、装置和设备使用的一般要求》5.3。

19. 简述 GB/T 18037—2008《带电作业工具基本技术要求与设计导则》中，绝缘操作杆的制作要求？

答：（1）较长的操作杆可选用不等径塔形连接方式的环氧树脂玻璃布空心管及泡沫填充制作；短的操作杆则可用等径圆管制作。

（2）绝缘操作杆的接头及堵头应尽可能使用绝缘材料（例如环氧树脂玻璃布棒）制作一般也允许使用金属制作活动接头，其选材应注重耐磨性及防腐性。

（3）10kV 及以下的手持操作杆应考虑全部使用绝缘材料制作（销钉等较小部件除外）。

出处：GB/T 18037—2008《带电作业工具基本技术要求与设计导则》4.4.6。

20. 简述 GB/T 18037—2008《带电作业工具基本技术要求与设计导则》中，绝缘遮蔽用具的制作要求？

答：（1）硬质绝缘隔板推荐采用环氧树脂玻璃布压层压板及玻璃纤维模压定型板制作。

（2）软质绝缘隔板、罩及覆盖物，推荐采用绝缘性能良好、非脆性、耐老化的工程塑料模压件或硅橡胶制作。低压（220V 及以下）隔离套可用一般绝缘橡胶制作。

（3）包裹导电体的不规则覆盖物，可采用聚乙烯、聚丙烯、聚氯乙烯塑料板或薄膜制作。

出处：GB/T 18037—2008《带电作业工具基本技术要求与设计导则》4.4.12。

21. 请简述 DL/T 976—2017《带电作业工具、装置和设备预防性试验规程》

中，预防性试验的定义及要求。

答：（1）为了发现带电作业工具、装置和设备的隐患，预防发生设备或人身事故而进行的周期性检查、试验和检测。

（2）进行预防性试验时，一般宜先进行外观检查，再进行机械试验，最后进行电气试验。电气试验按 GB/T 16927.1—2011《高电压试验技术 第 1 部分：一般定义及试验要求》的要求进行。

（3）进行试验时，试品应干燥、清洁，试品温度达到环境温度后方可进行试验，户外试验应在良好的天气进行，且空气相对湿度一般不高于 80%。试验时应测量和记录试验环境的温湿度及气压。

出处：DL/T 976—2017《带电作业用工具、装置和设备预防性试验规程》3.1、4.1、4.2。

22. 请简述 DL/T 976—2017《带电作业用工具、装置和设备预防性试验规程》中，交流耐压实验的定义及要求。

答：对绝缘施加一次规定值的工频试验电压（有效值），以检验其绝缘性能是否良好的试验。交流 220kV 及以下电压等级的带电作业工具、装置和设备，采用 1min 交流耐压试验；交流 330kV 及以上电压等级的带电作业工具、装置和设备，采用 3min 交流耐压试验。非标准电压等级的带电作业工具、装置和设备的交流耐压试验值，可根据 DL/T 976—2017《带电作业用工具、装置和设备预防性试验规程》规定的相邻电压等级按插入法计算。

出处：DL/T 976—2017《带电作业用工具、装置和设备预防性试验规程》1 3.2、4.3。

23. 请简述 DL/T 976—2017《带电作业用工具、装置和设备预防性试验规程》中，操作冲击耐压试验的定义。

答：对绝缘施加规定次数和规定值的操作冲击电压的试验。通过施加较多次数的操作冲击电压，以检验在可接受的置信度下实际的统计操作耐压是否不低于额定操作冲击耐受电压。

出处：DL/T 976—2017《带电作业用工具、装置和设备预防性试验规程》3.4。

24. 请简述 DL/T 976—2017《带电作业用工具、装置和设备预防性试验规程》中，绝缘绳索类工具外观检查有哪些？

答：所有绝缘绳索类工具的捻合成的绳索各绳股应紧密绞合，不得有松散、分股的现象。绳索各股及各股中丝线不应有叠痕、凸起、压伤、背股、抽筋等缺陷，不得有错乱、交叉的丝、线、股。编织绝缘绳的内芯与外编织材料相同。人身绝缘保险绳、导线绝缘保险绳、消弧绳、绝缘测距绳以及绳套均应满足各自的功能规定和工艺要求。

出处：DL/T 976—2017《带电作业用工具、装置和设备预防性试验规程》5.5.1。

25. 请简述 DL/T 976—2017《带电作业用工具、装置和设备预防性试验规程》中，绝缘手工工具的外观及尺寸检查要求有哪些？

答：在环境温度为－20～70℃范围内（能用于－40℃低温环境的工具应标有 C 类标记），工具的使用性能应满足工作要求，制作工具的绝缘材料应完好无孔洞、裂纹等破损，且应牢固地黏附在导电部件上；金属工具的裸露部分应无锈蚀，标志应清晰完整；应按照相应标准中的技术要求检查尺寸。

出处：DL/T 976—2017《带电作业用工具、装置和设备预防性试验规程》5.8.1。

26. GB/T 12168—2006《带电作业用遮蔽罩》什么是遮蔽罩？

答：由绝缘材料制成的遮蔽罩，起遮蔽或隔离的保护作用，防止作业人员与带电体发生直接碰触。

出处：GB/T 12168—2006《带电作业用遮蔽罩》3.1。

27. 根据遮蔽罩的不同用途，可分为以下几种类型？

答：导线遮蔽罩、针式绝缘子遮蔽罩、耐张装置遮蔽罩、悬垂装置遮蔽罩、线夹遮蔽罩、棒型绝缘子遮蔽罩、电杆遮蔽罩、横担遮蔽罩、套管遮蔽罩、跌落式开关遮蔽罩、其他遮蔽罩，可根据遮蔽物体专门设计。

出处：GB/T 12168—2006《带电作业用遮蔽罩》5.1。

28. GB 26859—2011《电力安全工作规程 电力线路部分》中规定，安全组织措施作为保证安全的制度措施之一包括什么？

答：安全组织措施作为保证安全的制度措施之一，包括工作票、工作的许可、监护、间断和终结等。

出处：GB 26859—2011《电力安全工作规程 电力线路部分》5.1.1。

29. GB 26859—2011《电力安全工作规程 电力线路部分》中规定，现场勘查应查看的内容是什么？

答：现场勘查应查看现场检修（施工）作业范围内设施情况，现场作业条件、环境，应停电的设备、保留或邻近的带点部位等。

出处：GB 26859—2011《电力安全工作规程 电力线路部分》5.2.2。

30. 按 GB 26859—2011《电力安全工作规程 电力线路部分》的规定，在带电作业过程中如设备突然停电应如何处理？

答：在带电作业过程中如设备突然停电，应视设备仍然带电，工作负责人应及时与线路运行维护单位或调度联系。线路运行维护单位或值班调度员未与工作负责人取得联系前不应强送电。

出处：GB 26859—2011《电力安全工作规程 电力线路部分》11.1.6。

31. 隔离开关的定义是什么？

答：隔离开关指在分位置时，触头间有符合规定要求的绝缘距离和明显的断开标志；在合位置时，能承载正常回路条件下的电流及在规定时间内异常条件（例如短路）下的电流的开关设备。

出处：GB 26859—2011《电力安全工作规程 电力线路部分》3.9。

32. GB 26859—2011《电力安全工作规程 电力线路部分》中对作业措施的要求有哪些？

答：（1）在电力线路及配电设备上工作应有保证安全的制度措施，可包含工作申请、工作布置、现场勘察、书面安全要求、工作许可、工作监护及工作间断和终结等工作程序。

（2）在线路及配电设备上进行全部停电或部分停电工作时，应向设备运行维护单位提出停电申请，由调度机构管辖的需事先向调度机构提出停电申请，同意后方可安排检修工作。

（3）在检修工作前应进行工作布置，明确工作地点、工作任务、工作负责人、作业环境、工作方案和书面安全要求，以及工作班成员的任务分工。

出处：GB 26859—2011《电力安全工作规程 电力线路部分》4.3。

33. DL/T 1476—2015《电力安全工器具预防性试验规程》绝缘安全工器具如何分类？

答：绝缘安全工器具可分为基本绝缘安全工器具和辅助绝缘安全工器具：

① 基本绝缘安全工器具指能直接操作带电装置、接触或可能接触带电体的工器具，其中部分为带电作业专用绝缘安全工器具；② 辅助绝缘安全工器具指绝缘强度不能承受设备或线路的工作电压，仅用于加强基本绝缘安全工器具的保安作用，以防止接触电压、跨步电压、泄漏电流及电弧对作业人员造成伤害的安全工器具。

出处：DL/T 1476—2015《电力安全工器具预防性试验规程》4（b）。

34. 电力安全工器具预防性试验的试验流程包括哪些？

答：电力安全工器具预防性试验流程含外观检查、检测试验、数据记录、出具报告等。电力安全工器具预防性试验前应对试品进行外观检查，必要时对试品进行清洁、干燥。外观检查合格，方可进行试验，试验应按先机械试验后电气试验的顺序进行。

出处：DL/T 1476—2015《电力安全工器具预防性试验规程》5.3。

35. 电力安全工器具预防性试验的对象有哪些？

答：电力安全工器具预防性试验的对象为按规定周期、新购置投入使用前、检修或关键零部件更换后、使用过程中对性能有疑问或发现缺陷、出现质量问题的同批电力安全工器具。

出处：DL/T 1476—2015《电力安全工器具预防性试验规程》5.4。

36. 按 DL/T 1476—2015《电力安全工器具预防性试验规程》要求，安全帽的外观检查要求有哪些？

答：永久标识和产品说明等标识应清晰完整；安全帽的帽壳、帽衬（帽箍、吸汗带、缓冲垫及衬带）、帽箍扣、下颏带等组件应完好无缺失。

帽壳内外表面应平整光滑，无划痕、裂缝和孔洞，无灼伤、冲击痕迹。

出处：DL/T 1476—2015《电力安全工器具预防性试验规程》6.1.1.1。

37. 按 DL/T 1476—2015《电力安全工器具预防性试验规程》要求，速差自控器的外观检查要求有哪些？

答：外观应平滑，无材料和制造缺陷，无毛刺和锋利边缘；各部件应完整无缺失、无伤残破损。安全识别保险装置（如有）应未动作。用手将速差自控器的安全绳（带）进行快速拉出，应能有效制动并完全回收。

出处：DL/T 1476—2015《电力安全工器具预防性试验规程》6.1.4.2。

38. 按 DL/T 1476—2015《电力安全工器具预防性试验规程》要求，绝缘杆的外观检查要求有哪些？

答：（1）杆的接头连接应紧密牢固，无松动、锈蚀和断裂等现象。

（2）杆体应光滑，绝缘部分应无气泡、皱纹、裂纹、绝缘层脱落、严重的机械或电灼伤痕，玻璃纤维布与树脂间黏拉应完好不得开胶。

（3）握手的手持部分护套与操作杆连接应紧密、无破损，不产生相对滑动或转动。

出处：DL/T 1476—2015《电力安全工器具预防性试验规程》6.2.1.1。

39. 按 DL/T 1476—2015《电力安全工器具预防性试验规程》要求，电容型验电器的外观检查要求有哪些？

答：（1）绝缘杆应无气泡、皱纹、裂纹、划痕、硬伤、绝缘层脱落、严重的机械或电灼伤痕。伸缩型绝缘杆各节配合应合理，拉伸后不应自动回缩。

（2）指示器应密封完好，表面应光滑、平整。

（3）手柄与绝缘杆、绝缘杆与指示器的连接应紧密牢固。

（4）自检三次，指示器均应有视觉和听觉信号出现。

出处：DL/T 1476—2015《电力安全工器具预防性试验规程》6.2.3.1。

40. 按 DL/T 1476—2015《电力安全工器具预防性试验规程》的规定，登杆脚扣的外观检查包括哪些？

答：① 围杆钩在扣体内应滑动灵活、可靠、无卡阻现象；保险装置应能可靠防止围杆钩在扣体内脱落。② 下爪应连接牢固，活动灵活；橡胶防滑块与小爪钢板、围杆钩连接应牢固，覆盖完整，无破损。③ 脚带应完好，止脱扣应良好，无霉变、裂缝或严重变形。

出处：DL/T 1476—2015《电力安全工器具预防性试验规程》6.4.1.1。

41. 按 DL/T 803—2015《带电作业用绝缘毯》要求，带电作业用绝缘毯的贮存要求有哪些？

答：① 绝缘毯应贮存在专用箱内，避免阳光直射，雨雪浸淋，防止挤压和尖锐物体碰撞；② 禁止绝缘毯与油、酸、碱或其他有害物质接触，并距离热源 1m 以上；③ 贮存环境温度宜为 10～21℃。

出处：DL/T 803—2015《带电作业用绝缘毯》10.3。

42. GB/T 13035—2008《带电作业用绝缘绳索》绝缘绳索怎样保管？

答：带电作业用绝缘绳索应放在满足 DL/T 974—2018《带电作业用工

具库房》规定的带电作业工具房内，带电作业用绝缘绳索应放在干燥、通风、避免阳光直晒、无腐蚀及有害物质的位置，并与热源保持 1m 以上的距离。带电作业用防潮绝缘绳索也应放在干燥、通风的带电作业工具房内保管。

出处：GB/T 13035—2008《带电作业用绝缘绳索》9.4。

第五章　识　绘　图　题

1. 如图 5－1 所示为具有泄漏电流报警系统的半臂车上臂的电气试验图，图 5－1 中 1～7 分别是什么？

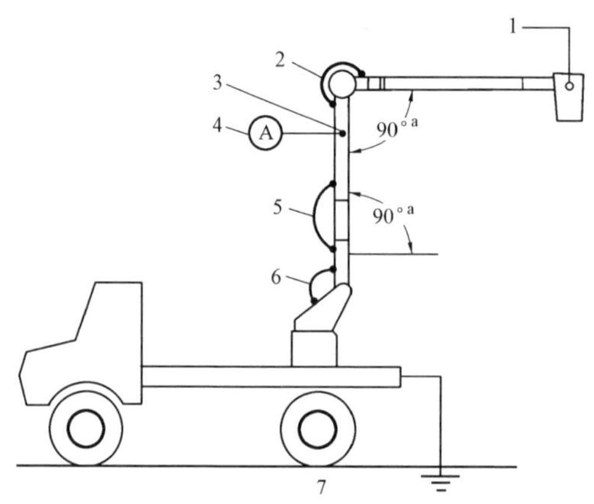

a 户外试验臂的位置，如果户内空间允许，也可以在户内进行试验，交流试验应具有重现性。

图 5－1　具有泄漏电流报警系统的半臂车上臂的电气试验图

答： 图 5－1 中 1 为电源（交流或直流）；2 为连接跳线；3 为表计插座；4 为电流表；5 为绝缘插件的并接线；6 为连接跳线；7 为汽车底盘接地。

出处： DL/T 854—2004《带电作业用绝缘斗臂车的保养维护及在使用中的试验》8.1.1。

2. 请绘制 DL/T 976—2017《带电作业用工具、装置和设备预防性试验规程》中的绝缘平台交流耐压试验（电气试验）接线图。

答： 绝缘平台交流耐压试验（电气试验）接线图如图 5－2 所示。

出处： DL/T 976—2017《带电作业用工具、装置和设备预防性试验规程》图 B.4。

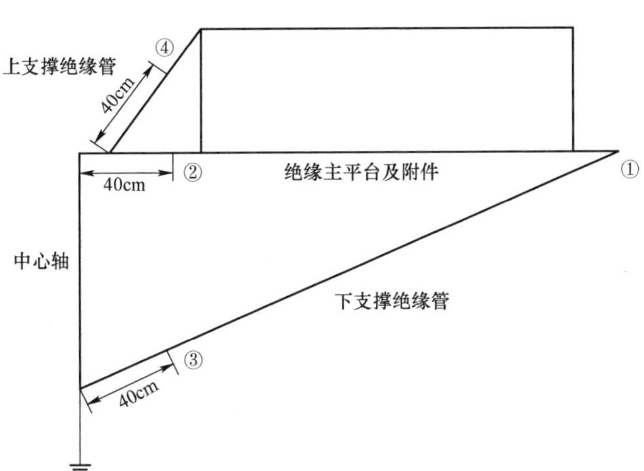

注：在图中②③④处接高电极。

图 5－2　绝缘平台交流耐压试验（电气试验）接线图

3. 绝缘滑车电气试验布置图如图 5－3 所示，请说明图中 1～5 分别是什么？

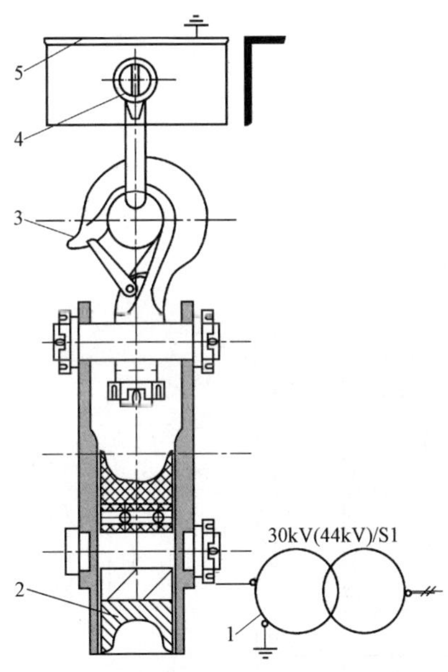

图 5－3　绝缘滑车电气试验布置图

答：图 5－3 中 1 为交流试验装置；2 为滑轮；3 为吊钩；4 为 U 形环；5 为金属横担。

出处：DL/T 976—2017《带电作业工具、装置和设备预防性试验规程》图B.2。

4. 紧线卡线器机械试验布置如图 5－4 所示，图 5－4 中 1～5 分别是什么？

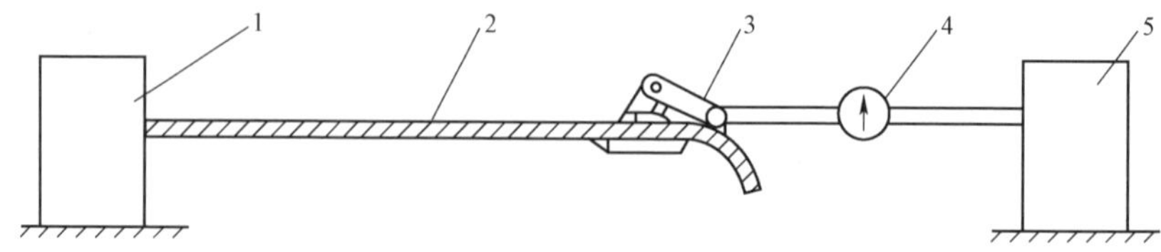

图 5－4 紧线卡线器机械试验布置图

答：图 5－4 中 1 为固定导线装置；2 为试验用导线；3 为铝合金紧线夹具；4 为拉力试验表；5 为拉力试验装置。

出处：DL/T 976—2017《带电作业工具、装置和设备预防性试验规程》图C.7。

5. 绝缘手套交直流耐压试验接线图如图 5－5 所示，图 5－5 中 1～12 分别是什么？

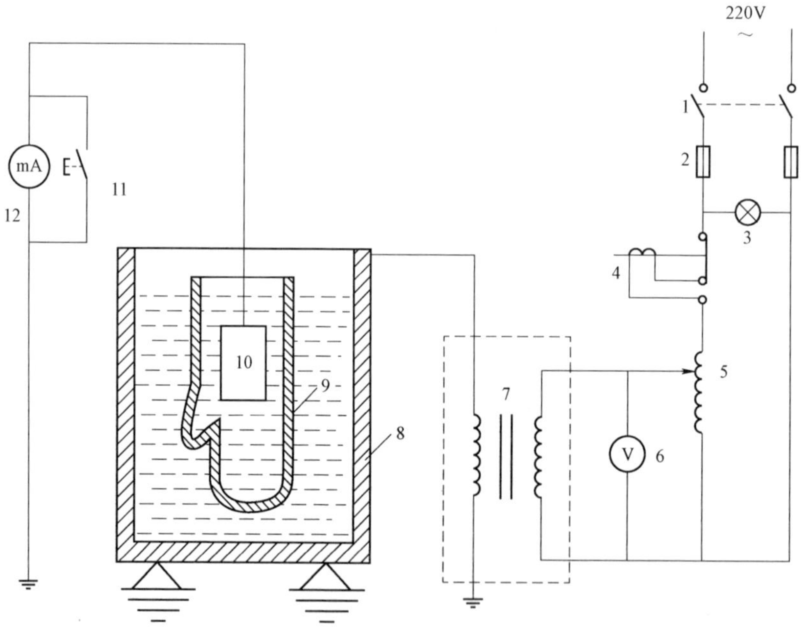

图 5－5 绝缘手套交直流耐压试验接线图

答：图 5－5 中 1 为刀闸开关；2 为可断熔丝；3 为电源指示灯；4 为过负荷开关（也可用过流继电器）；5 为调压器；6 为电压表；7 为变压器；8 为盛水的金属容器；9 为试样；10 为电极；11 为毫安表短路开关；12 为毫安表。

出处：DL/T 976—2017《带电作业工具、装置和设备预防性试验规程》图 B.5。

6. 交流耐压及操作冲击耐压试验接线图如图 5－6 所示，图 5－6 中 1～6 分别是什么，d、L 的距离分别是多少？

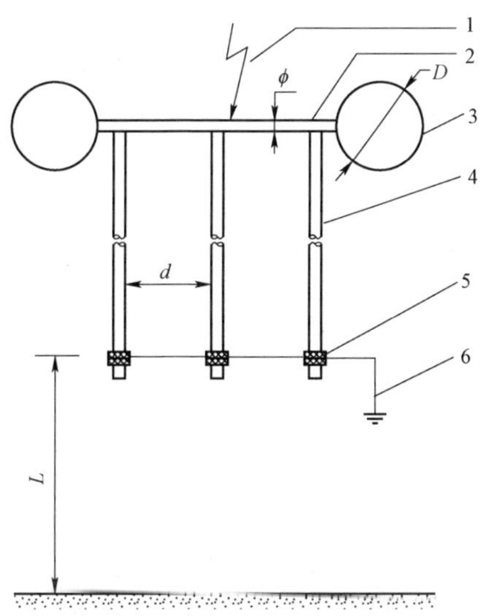

图 5－6　交流耐压及操作冲击耐压试验接线图

答：图 5－6 中 1 为高压引线；2 为模拟导线；3 为均压球；4 为试品；5 为下部试验电极；6 为接地引线。其中 $d \geqslant 500$mm，$L \geqslant 1000$mm。

出处：DL/T 976—2017《带电作业用工具、装置和设备预防性试验规程》图 B.1。

7. 带电作业用遮蔽罩的机械冲击试验中的摆锤法如图 5－7 所示，说明图 5－7 中 1～4、h 各分别是什么？

答：图 5－6 中 1 为可调摆动轴；2 为框架；3 为垂直平面；4 为试品；h 为落下高度。

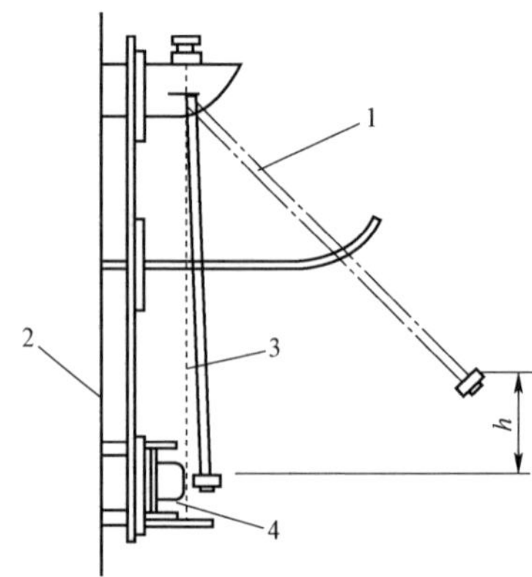

图 5-7　带电作业用遮蔽罩的机械冲击试验中的摆锤法

出处：GB/T 12168—2006《带电作业用遮蔽罩》附录 D。

8. 带电作业用遮蔽罩试验电路如图 5-8 所示，说明图 5-8 中 1～5 分别是什么？

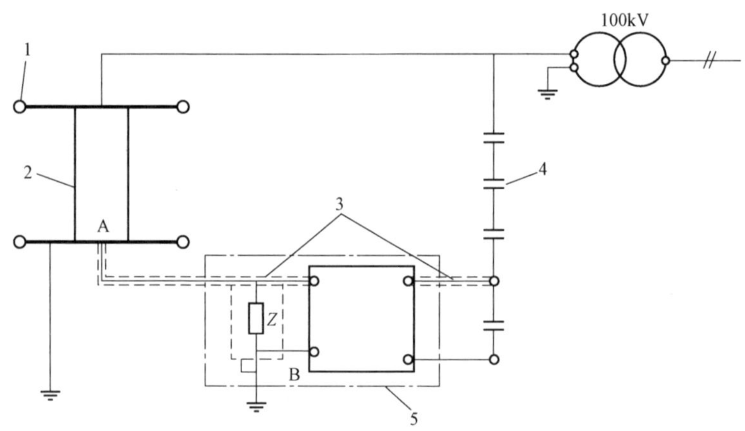

图 5-8　带电作业用遮蔽罩试验电路图

答：图 5-8 中 1 为环形铜管；2 为试验样品；3 为同轴电缆；4 为电容式（电阻）分压器；5 为测量设备（测量设备的输入阻抗不大于 10000Ω）。

出处：GB/T 12168—2006《带电作业用遮蔽罩》附录 E。

9. 安全带整体静负荷试验示意图如图 5-9 所示，请问图 5-9 中 1～7 分别是什么？

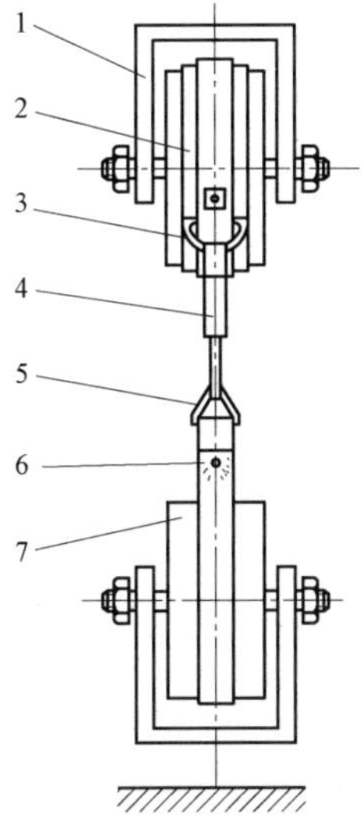

图 5－9　安全带整体静负荷试验示意图

答：图 5－9 中 1 为夹具；2 为安全带；3 为半圆环；4 为钩；5 为三角环；6 为带、绳；7 为木轮。

出处：DL/T 1476—2015《电力安全工器具预防性试验规程》图 A.1。

10. 如图 5－10 所示为何种试验图？图 5－10 中 1～4 分别指什么？

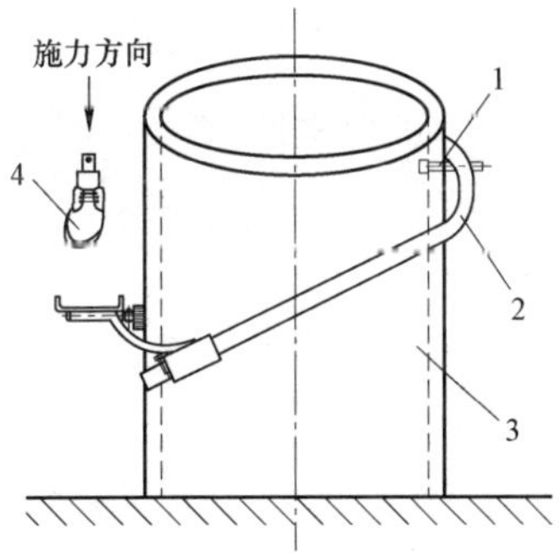

图 5－10　登杆脚扣整体净负荷试验示意图

答：图 5－10 中 1 为限位装置；2 为登杆脚扣；3 为模拟电杆；4 为鞋模。

出处：DL/T 1476—2015《电力安全工器具预防性试验规程》图 A.2。

11. 辅助型绝缘靴试验接线图如图 5－11 所示，图 5－11 中 1～6 分别指什么？

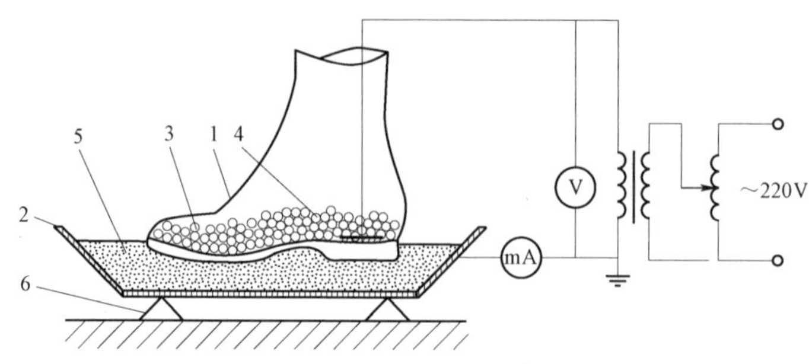

图 5－11　辅助型绝缘靴试验接线图

答：图 5－11 中 1 为被试靴；2 为金属盘；3 为金属球；4 为金属片；5 为海绵和水；6 为绝缘支架。

出处：DL/T 1476—2015《电力安全工器具预防性试验规程》图 B.5。

12. 请绘制高空作业车主绝缘臂交流耐压试验图。

答：如图 5－12 所示：

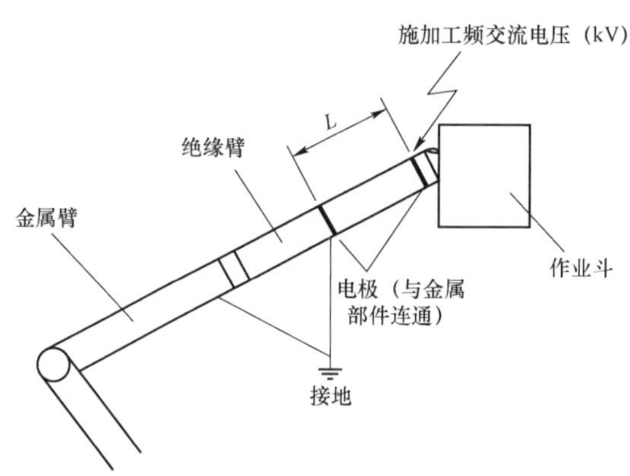

图 5－12　高空作业车主绝缘臂交流耐压试验图

出处：GB/T 9465—2008《高空作业车》图 8。

13. 请绘制高空作业车绝缘平台耐压试验图。

答：如图 5－13 所示。

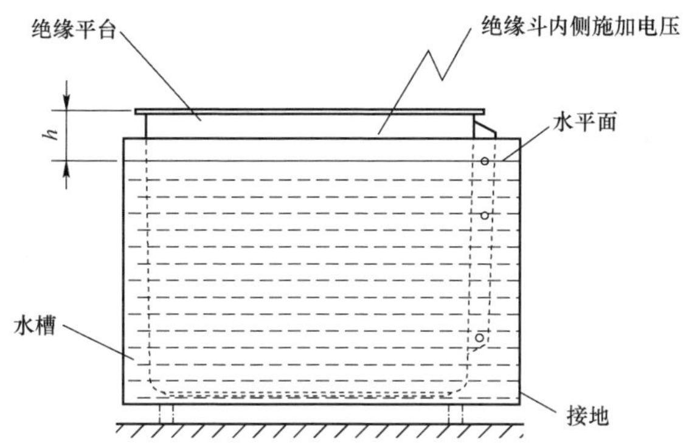

图 5－13　高空作业车绝缘平台耐压试验图

出处：GB/T 9465—2008《高空作业车》图 5。

14. 说明如图 5－14 所示中的下列软质导线遮蔽罩的为何种样式？

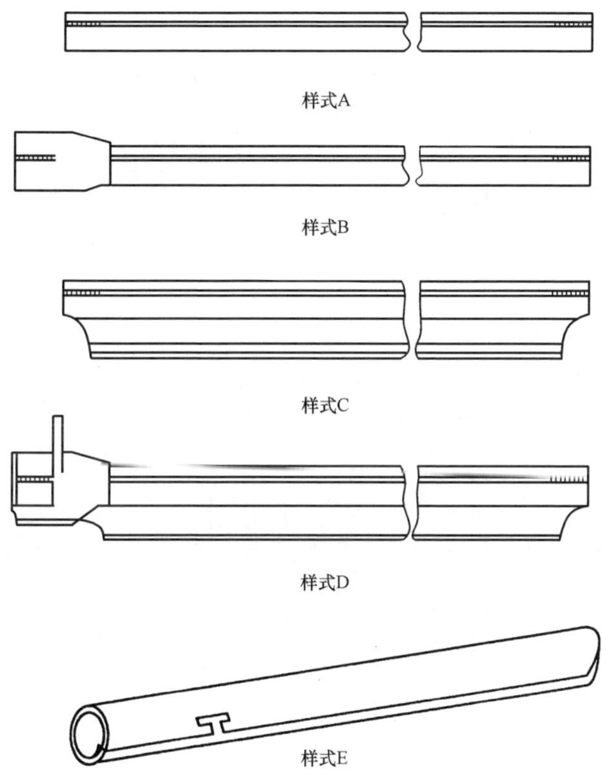

图 5－14　软质导线遮蔽罩样式图

答：图 5－14 中的样式 A 为直管式；样式 B 为带连接头的直管式；样式 C 为下边缘延裙式；样式 D 为带有连接头的下边缘延裙式；样式 E 为自锁式。

出处：DL/T 880—2004《带电作业用导线软质遮蔽罩》图 1。

15. 请绘制绝缘绳索的淋雨试验布置图。

答：如图 5－15 所示。

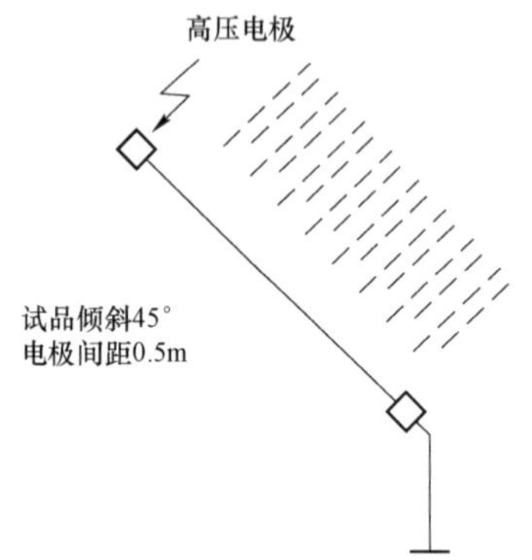

图 5－15　绝缘绳索的淋雨试验布置图

出处：GB/T 13035—2003《带电作业用绝缘绳索》图 C.1。

16. 绝缘鞋（靴）电气试验装置图如图 5－16 所示，请问图 5－16 中 1～7 分别是什么？

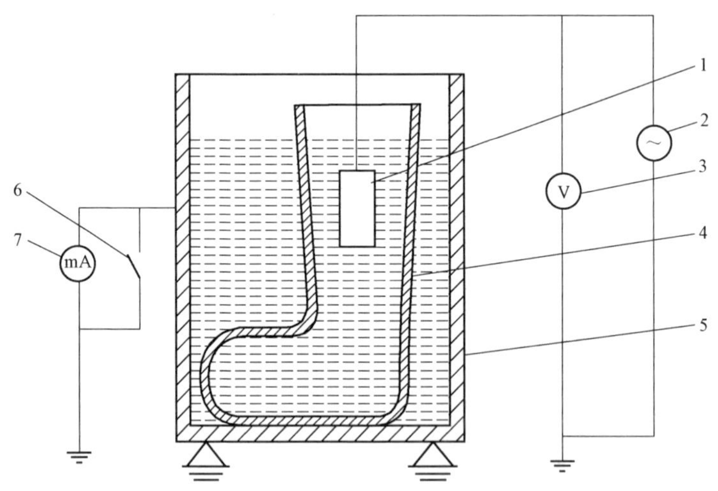

图 5－16　绝缘鞋（靴）电气试验装置图

答：图 5－14 中的 1 为锁链或滑棒；2 为高压电源；3 为高压表；4 为试品；5 为金属水箱；6 为毫安表短路开关；7 为毫安表。

出处：DL/T 676—2012《带电作业用绝缘鞋（靴）通用技术条件》图 1。

17. 绝缘毯耐压试验如图 5－17 所示，图 5－17 中 1～5 分别是什么？

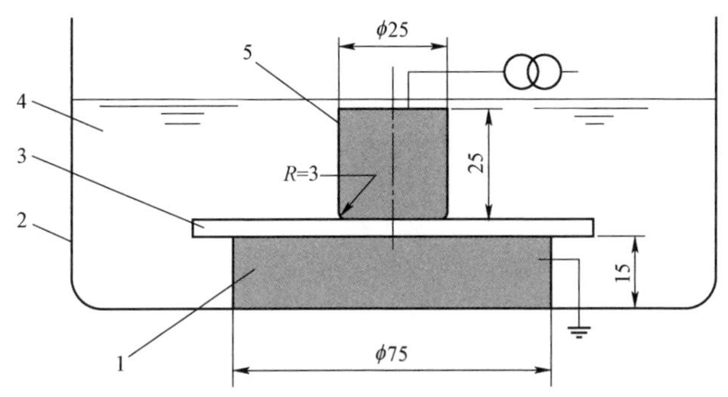

图 5－17　绝缘毯耐压试验图

答：图 5－17 中的 1 为金属电极；2 为油箱；3 为绝缘毯；4 为绝缘液体；5 为金属电极。

出处：DL/T 803—2015《带电作业用绝缘毯》图 7。

18. 使用认证试验电极进行绝缘毯认证试验布置图如图 5－18 所示，图 5－18 中 1～5 分别是什么？

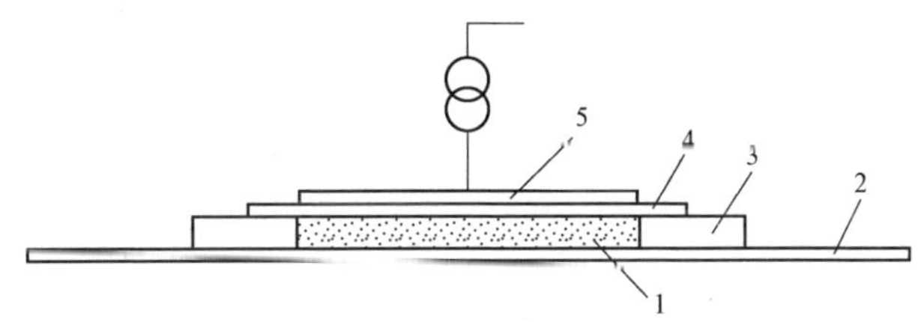

图 5－18　绝缘毯认证试验布置图

答：图 5－18 中的 1 为潮湿海绵；2 为金属板；3 为有机玻璃板；4 为绝缘毯；5 为金属板。

出处：DL/T 803—2015《带电作业用绝缘毯》图 6。